NOTICE

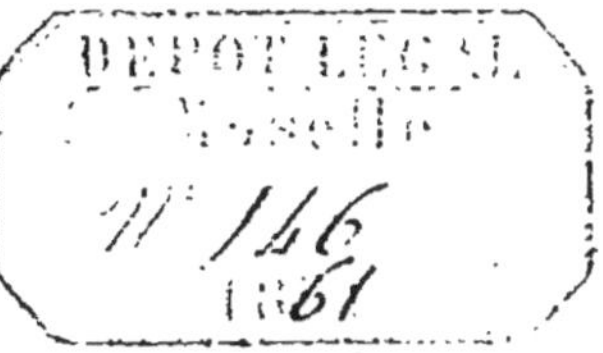

SUR LES

ENGRAIS HUMAINS

Par S. DIEU,

MEMBRE DE L'ACADÉMIE IMPÉRIALE DE METZ.

METZ,

IMPRIMERIE DE Vᵉ MALINE, RUE COUR-DE-RANZIÈRES.

1861.

NOTICE

LES ENGRAIS HUMAINS.

AVANT-PROPOS.

Quelques lignes suffiront pour justifier l'opportunité de la publication du travail que je livre à l'appréciation du public.

Il y a environ huit mois que d'honorables cultivateurs se croyant lésés dans leurs intérêts, ont voulu intenter un procès à un fabricant d'engrais.

Une lacune incroyable dans notre législation aurait laissé la justice désarmée devant une fraude, si les analyses faites à à cette occasion n'avaient démontré la richesse des engrais soupçonnés. Quoiqu'il en soit, ce procès devint l'occasion d'un travail publié dans les bulletins du comice, travail dans lequel j'ai cherché à rassurer les cultivateurs, et dont le but essentiel était de provoquer l'institution d'une commission chargée d'étudier toutes les questions relatives au produit des vidanges.

M. le Préfet du département accueillit cette idée avec faveur, et composa cette commission d'éléments capables de représenter tous les intérêts. Deux conseillers de Préfecture, deux ingénieurs, trois conseillers municipaux, trois membres de l'Académie impériale de Metz, trois membres du Comice, se réunirent sous la présidence de M. Félix Maréchal, maire de la ville, pour discuter les intérêts compliqués de l'hygiène publique, de l'agriculture, des fabricants d'engrais, et des propriétaires de maisons (1).

---

(1) Noms et qualités des membres de la Commission :

MM. Félix Maréchal, maire de la ville, président ;
Dufresne, conseiller de préfecture ;
Leneveux,   id. ;
Lasaulce, adjoint ;
Simon, conseiller municipal ;
Monard,   id. ;
Bouchotte, fils, membre de l'Académie impériale de Metz ;
Pelte,   id. ;
André,   id. ;
Baron de Tricornot, président du Comice ;
Stoffels, membre du Comice ;
Raillard, ingénieur des ponts et chaussées ;
Trottmann, ingénieur des mines ;
Dieu, secrétaire.

Cette commission a reconnu que pour donner, dans l'avenir, pleine et entière satisfaction à tous ces intérêts, il fallait préparer les esprits à l'idée de réformes radicales. Pour cela, elle a chargé son secrétaire de rédiger la notice suivante à laquelle elle a donné sa sanction.

Chacun comprendra l'importance des réformes utiles qu'il s'agit d'introduire dans une contrée où l'on paye pour se débarrasser de choses qui ont une valeur réelle et appréciée ailleurs: dans une contrée où les meilleurs exploitations agricoles sont loin d'avoir le nombre de têtes de gros bétail nécessaire pour la fumure d'un hectare ; où le fumier, par conséquent, fait défaut, et dans laquelle cependant on recule trop généralement devant l'idée de se procurer des engrais dans le commerce.

Combien en effet ne faut-il pas faire d'efforts persévérants pour faire pénétrer la vérité, dans un pays où l'un des plus habiles cultivateurs a prononcé dans un Comice les paroles suivantes : « l'emploi même des purins ne remédie que très-imparfaitement au manque d'engrais. Comme remède au mal, le commerce, il est vrai, nous annonce sous les noms les plus pompeux, des engrais de toute espèce ; mais, jamais, Messieurs, je ne vous engagerai à en user. Naturels, ils seraient puissants peut-être : dès que le commerce y a mis la main n'y touchons plus!» (*Bulletin des Comices du département de la Moselle, 4e trimestre 1859.*)

Quelle défiance et que d'erreurs dans ces quelques lignes ! et comme cette pensée serait décourageante pour les esprits qui se vouent aux intérêts de l'agriculture, s'ils n'avaient, pour le culte de la vérité, la foi qui fait le progrès et qui triomphe toujours des préjugés ! Cette défiance est justifiée, il faut le reconnaître, par l'absence complète des moyens de répression contre l'industrie malhonnête ; mais il est possible de remédier à cette regrettable lacune de la loi. Que d'erreurs ! disons-nous, car la main habile et honnête de l'industriel, peut seule transformer en engrais puissant et propre à toutes les cultures, ces déjections qui, employées à l'état naturel n'ont plus qu'une activité énergique sans doute mais très-éphémère.

Ces erreurs, ces préjugés, je veux et la commission veut avec moi les combattre et les déraciner, j'espère être écouté avec faveur, car je parle au nom de la science et avec le désintéressement le plus complet.

Metz, 24 mars 1860.

S. DIEU.

PREMIÈRE PARTIE.

L'Étude économique des matières excrémentielles soulève des questions graves d'hygiène publique, en même temps qu'elle touche aux intérêts de l'agriculture et du commerce.

J'ai l'intention, dans cette notice, d'étudier cette question à ce triple point de vue.

Les matières dont nous voulons parler ici, constituent des engrais azotés, phosphatés et salins. On admet généralement que la valeur agricole des engrais est subordonnée à la richesse de ceux-ci en azote, en phosphates et en matières minérales; il s'en suit que les urines tiennent le premier rang parmi les liquides considérés comme engrais. Il est peu d'excrétions de l'économie animale aussi bien connus que l'urine; les hommes les plus illustres l'ont étudiée avec soin, et c'est grâce à leurs travaux que l'on peut aujourd'hui se rendre un compte exact de la composition et de la valeur agricole de ces déjections.

D'après les moyennes des analyses de MM. Boussingault et Liébig, l'urine normale de l'homme contient 15,58 d'azote sur 1,000 parties. Les mêmes dosages répétés sur le résidu sec a donné 17,55 à 23,10 pour 0/0 d'azote. Il résulte de 12 analyses faites séparément par MM. Berzélius, Simon, Lehmann et Lecann, que la quantité maximum d'urine rendue par individu et par vingt-quatre heures, varie entre 2,271 grammes et 743 grammes dont la moyenne est de 1 k. 268. D'après les calculs de M. Rayer, cette même quantité varie de 656 à 1636, soit en moyenne 1000 grammes ou 365 kil. par an.

La quantité d'eau que les urines contiennent varie entre 92,830 à 98 pour 100 dont la moyenne est de 94,584 p. 0/0. Les quantités de matières solides oscillent entre 2 et 7,170 pour 0/0: d'où une moyenne de 5,516 pour 0/0, dosant d'après M. Boussingault, 11,16 pour 0/0 d'azote.

On conçoit que la proportion d'eau que les urines contiennent dépend de l'âge des individus, du régime alimentaire, de la température, du lieu dans lequel ils vivent et du séjour plus ou moins prolongé dans la vessie.

Quoiqu'il en soit ces 5,516 parties de matières solides,
se composent de 3,951 de matières organiques et de 1,465
de sels minéraux fixes. Ces sels et matières organiques con
tiennent ensemble :

Urée...........................	2,210
Acide urique.	0,096
Acide lactique.	0,152
Chlorure de sodium (sel marin)........	0,461
Sel ammoniac..	0,095
Sulfate de potasse...................	0,337
Sulfate de soude.	0,316
Phosphate de soude.	0,277
Bi-phosphate d'ammoniaque..........	0,165
Phosphate de chaux et magnésie.......	0,083
Silice.	0,003
Matières extractives, graisse, mucus, etc.	1,321
	5,516

Nous extrayons ces chiffres de l'excellent ouvrage que
M. Rohart a publié sous le titre de *Guide de la fabrication
économique des engrais*; M. Rohart lui-même les a empruntés
à notre compatriote M. Barral, qui s'est occupé de cette question dans un remarquable travail publié en 1848, dans le
Journal d'agriculture pratique.

Les urines du cheval, du bœuf, du mouton, du porc, ont
une composition analogue; toutes sont essentiellement for-
mées d'eau, de matières organiques azotées et de sels minéraux, et toutes aussi, pour chaque espèce, ont à peu près
la même composition.

Les matières organiques comprennent principalement le
mucus vésical, l'acide urique, l'acide lactique, l'acide hippurique et l'urée.

L'urée appartient à toutes les urines; elle y entre en proportion toujours assez considérable, et c'est de la richesse de
l'urine en urée que dépendent les quantités d'ammoniaque
et par conséquent d'azote que l'on retrouve plus tard dans
les engrais. En effet ce corps est très-riche en azote puisqu'il
en renferme 46,66 pour 100.

L'homme produit en 24 heures 30 à 40 grammes d'urée,
représentant 16 grammes 331 d'azote ou l'équivalent de 19
grammes 825 d'ammoniaque, car 100 d'azote égalent 121,4
d'ammoniaque.

Les éléments constitutifs de l'urée sont l'oxygène, le carbone, l'hydrogène et l'azote. Ces éléments sont groupés et
associés de manière à former un corps essentiellement
neutre.

Lorsque l'urine vient d'être émise dans les conditions ordinaires de santé, elle a une réaction légèrement acide, réaction due à la présence de l'acide urique, de l'acide hippurique et de l'acide lactique ; mais au bout de peu de temps elle devient très-odorante et très-alcaline. Cette transformation est due à ce que les matières organiques que l'urine contient agissent sur celle-ci à la manière des ferments, transformant l'oxygène et le carbone en acide carbonique, l'hydrogène et l'azote en ammoniaque ; puis ces deux corps s'unissent pour former un sel volatil, le carbonate d'ammoniaque qui est odorant et alcalin.

Ainsi, les urines transformées par la fermentation, ne contiennent plus d'urée, elles prennent l'odeur piquante de l'ammoniaque et acquièrent des propriétés nouvelles ; elles deviennent alors propres à fournir aux végétaux les principaux aliments dont ils ont besoin ; car elles renferment en même temps des matières organiques riches en azote, et une partie des matières minérales que les récoltes prennent au sol pour se développer et se constituer.

Les agronomes connaissent depuis longtemps les qualités fertilisantes des urines ; plusieurs en ont obtenu des résultats remarquables. Cependant, hâtons-nous de le dire, les urines seules seraient insuffisantes pour entretenir *toujours* la fertilité d'une terre parfaite.

Les engrais, pour jouir de ce privilége, doivent être des engrais complets comme le bon fumier de ferme ; expliquons-nous.

Sans doute les végétaux puisent dans l'atmosphère une partie de leur subsistance, mais ils prennent aussi au sol des matériaux qui leur sont indispensables, et que la terre la plus fertile ne saurait produire indéfiniment. Le cultivateur le sait par expérience ; aussi restitue-t-il à la terre, sous forme d'engrais, ce qu'elle lui a donné sous forme de récolte. Si les engrais ne viennent pas apporter aux végétaux ce dont ils ont besoin pour leur constitution, il faut bien que ceux-ci l'empruntent au sol ; alors la valeur de celui-ci est diminué d'autant, et sa force fertilisante finirait par être bientôt épuisée si on ne savait la réparer à propos.

L'analyse a démontré dans les végétaux, outre le carbone, l'hydrogène, l'oxygène et l'azote, la présence du phosphore, de la potasse, de la magnésie, de la chaux, de la silice, de la soude, de l'alumine, de l'oxyde de fer, du soufre et du chlore. Nous ne voulons pas étudier ici les lois admirables en vertu desquelles la nature permet au végétaux de s'assimiler ces diverses substances ; ce qu'il nous importe d'établir c'est que les végétaux ne peuvent être constitués et organisés qu'à la condition d'emprunter au sol, tout ou partie de ces éléments constitutifs et organisateurs. Nous disons d'emprunter, parceque'en effet il faut lui rendre ce qu'il a perdu si on ne veut l'épuiser. Or le fumier de ferme, qui est l'engrais par excellence, contient précisément chacun des éléments, chacun des matériaux que l'on retrouve dans les céréales et dans les autres plantes alimentaires. Il est vrai que dans le fumier ces éléments s'y trouvent dans des rapports différents, sous un état différent, sous une forme particulière et avec un arrangement nouveau ; mais peu nous importe, c'est la nature, c'est la vie qui se charge de faire les frais des transformations, des modifications que ces matériaux doivent subir pour devenir assimilables. Le meilleur engrais artificiel est donc celui dans lequel l'art a groupé économiquement les éléments nécessaires à la végétation en général, nécessaires surtout aux récoltes et se résumant en matières végétales pouvant fournir de l'humus et de l'acide carbonique ; en matières animales pouvant donner de l'azote, et en matières minérales comprenant les divers corps que nous venons de citer.

Les urines doivent être considérées comme étant très-utiles en agriculture, comme pouvant aider puissamment à la fabrication d'un engrais complet ; mais on aurait tort d'en vouloir faire un engrais exclusif, parce qu'elles sont insuffisantes, à elles seules, pour rendre au sol qui produit, les matériaux qu'il perd annuellement.

Les urines humaines qui ont séjourné pendant longtemps dans les fosses d'aisance, acquièrent au contact des matières solides de ces fosses, une valeur agricole beaucoup plus considérable que celle qu'elles possèdent en restant pures de tout mélange. Mais les masses d'eau avec lesquelles elles sont ordinairement noyées, rend leur composition non moins variable que leur richesse.

Il résulte des recherches analytiques faites par divers chimistes, notamment par M. Chevalier père, par M. Chevalier fils, par M. Paulet, et par d'autres que les eaux vannes des vidanges ou les liquides urineux ne dosent pas, dans leur état ordinaire, plus de 0.50 d'azote p. 0/0 et 2,50 à 3 p. 0/0 de matières sèches ; mais que, privées des 97 p. 0/0 d'eau qu'elles contiennent, elles possèdent une richesse considérable s'élevant depuis 15 jusqu'à 28 p. 0/0 d'azote.

L'extrait d'urine est donc aussi riche et même plus riche en azote que le meilleur guano d'Amérique analysé par MM. Girardin et Bidard. D'un autre côté, le professeur Schubler a démontré qu'un sol arrosé avec de l'urine humaine, produit deux fois plus que s'il est engraissé avec le fumier d'étable, et presqu'autant que s'il est fumé avec des matières fécales ou le sang des boucheries. Grand nombre d'autres expérimentateurs ont prouvé que les prés arrosés avec ces liquides produisent aussi deux fois plus que s'ils sont abandonnés à eux mêmes. Dans un kilogramme d'urine, dit M. Girardin, il y a la quantité d'azote nécessaire à la production d'un kilogramme de blé.

Enfin, des calculs récents ont prouvé que les urines publiques d'une ville de 50 mille âmes, comme Metz, par exemple, donneraient si elles étaient utilisées, une récolte supplémentaire de près de 3,000 hectolitres de froment.

Et cependant chaque jour nous laissons perdre un engrais si puissant, si favorable aux sols légers et calcaires, à l'arrosement des terres en jachères, des céréales éprouvées par les froids, des prairies, des plantes fourragères, alimentaires, etc.

L'agriculture est donc en droit de revendiquer cette part d'engrais perdue pour elle et qui la mettrait dans la possibilité d'augmenter la production annuelle des récoltes, au point de nous libérer du tribut que nous payons à l'étranger pour notre consommation.

Nous verrons tout à l'heure que les intérêts de l'agriculture, de l'hygiène publique et du commerce, sont tous solidaires, et qu'il suffirait de quelques prescriptions administratives exécutées avec fermeté et d'un peu moins de négligence de la part des cultivateurs à utiliser ces choses perdues, pour ne faire qu'un faisceau commun de tous ces grands intérêts.

J'ai lu dernièrement dans les journaux du département l'annonce d'engrais liquides à très-bas prix ; il est du devoir du comice d'engager fortement les agriculteurs à profiter de cette heureuse circonstance. Nous le répétons à dessein, ces engrais ne peuvent être et ne doivent pas être considérés comme des engrais complets et pouvant servir exclusivement à la fumure du sol ; mais nous pensons que les agriculteurs qui en feront usage, n'auront qu'à s'applaudir d'avoir introduit cette innovation dans leurs cultures.

Le progrès en tout, pour être fécond, doit être lent ; aussi ne venons-nous pas dire ici aux cultivateurs de changer subitement leurs méthodes traditionnelles, leurs habitudes fondées sur la connaissance du sol qu'ils cultivent ; mais convaincu que des essais entrepris sur une petite échelle, seraient de nature à les éclairer en leur rapportant des bénéfices certains, nous sommes en droit de leur dire : prenez un champ contenant dix sillons cultivés en céréales, arrosez-en cinq avec l'engrais liquide employé à raison de deux cents hectolitres par hectare, par exemple : laissez végéter les cinq autres avec vos fumures ordinaires et lors de la récolte vous apprécierez le résultat. Quel que soit celui-ci, qu'il soit bon, qu'il soit mauvais, il est certain que l'essai n'aura pu vous servir qu'à vous éclairer pour l'avenir, sans apporter la moindre perturbation ni dans vos habitudes, ni dans vos finances.

Répétez ces mêmes essais comparatifs sur un pré, sur une prairie artificielle, sur vos cultures sarclées, etc., et bientôt vous regretterez de n'avoir pas su utiliser plus tôt cette source puissante de fortune. La prudence commande de procéder ainsi ; mais il est temps que les cultivateurs du département de la Moselle sortent de leur torpeur, secouent leurs habitudes routinières pour se lancer avec un peu plus de hardiesse dans les voies des améliorations consacrées par l'expérience des départements voisins. Déjà des agriculteurs justement renommés et qui marchent à la tête du progrès, dans notre département, savent utiliser ces richesses perdues ; que tous les imitent avec sagesse et persévérance, et bientôt, éclairés par le flambeau de la vérité, ils verront leur bien-être s'accroître. Il ne faut que bien peu d'efforts pour parvenir à d'immenses résultats pour les agriculteurs et pour notre propre sol.

Il ne suffit pas au but que je me propose d'avoir envisagé la question des engrais liquides au point de vue de leur utilité en agriculture ; je dois l'étudier maintenant dans les difficultés qu'elle présente considérée au point de vue de l'hygiène et de l'administration et des intérêts du producteur d'engrais.

DEUXIÈME PARTIE.

L'extraction de ces riches matières excrémentitielles que l'on perd presqu'en totalité dans notre département, a une importance capitale ; elle vaut la peine d'être étudiée. Le comice de Metz a provoqué la nomination d'une commission générale chargée d'étudier toutes ces questions hérissées de difficultés. M. le Préfet du département si disposé à patronner les idées vraiment utiles, a accueilli cette proposition avec la bienveillance éclairée qui le caractérise, et maintenant cette commission générale fonctionne sous l'habile direction de notre honorable maire, et tâche de trouver les moyens pratiques capables de satisfaire tous les intérêts engagés dans la question des engrais liquides. Je viens lui apporter aujourd'hui mon faible tribut de recherches et de labeur, heureux si je puis ainsi alléger sa tâche.

Une question qui domine toutes les autres est celle qui se rattache aux différents modes d'emploi des engrais liquides. Si, comme nous le pensons, l'Administration a le droit de s'opposer à ce qu'on noie dans la Moselle ces productions utiles ; si même les lois de l'hygiène relatives à l'assainissement des cours d'eau lui font un devoir de cette interdiction, il faut qu'elle puisse apprécier si véritablement ces engrais liquides ne constituent qu'un embarras pour le vidangeur et pour le fabricant d'engrais.

L'emploi direct sur les terres de tous les liquides urineux, constituerait, sans contredit, le moyen le plus simple de les employer utilement ; mais les cultivateurs du département n'ont pas l'habitude de cet emploi ; il faudra sans doute encore de longues années pour leur faire abandonner peu à peu leur routine traditionnelle. Cependant il est certain que les urines fermentées sont éminemment favorables au rendement des récoltes. Bien que ce mode d'emploi, s'il venait à se généraliser, ferait justice de bien des embarras ; il ne faut donc pas trop compter sur lui.

Les matières extractives des urines ont une valeur agricole supérieure à celle du guano le plus riche ; mais quels sont les moyens économiques qui permettent de se débarrasser facilement de l'énorme quantité d'eau que contiennent les liquides urineux ?

Nous allons voir qu'il en existe et qu'on peut très-bien les mettre en pratique. Etablissons d'abord quelques chiffres d'une exactitude irrécusable.

L'urine desséchée des urinoirs publics dosent 16,835 d'azote, qui, au prix ordinaire de l'azote des fumiers, soit 1 fr. 65 cent. le kilog. représente 27 fr. 80 cent. pour 100 kil, de ces résidus. De plus, l'urine desséchée contient 8,35 p. 0/0 de phosphates divers, qui, au prix de 15 fr. les 100 kilog. donnent 1 fr. 25. La valeur totale des 100 kilog. d'urine sèche, ramenée à la valeur agricole du fumier de ferme, est donc de 29 fr. 05 cent. Si maintenant nous comparons la valeur de ce guano urineux à celle du guano du Pérou, nous arrivons à des résultats vraiment curieux. Les 100 kilog. de guano du Pérou valent 40 fr. Ils contiennent, en fait de matières utiles à l'agriculture, 20 kilog. de phosphates et 10 kil. d'azote. Les vingt kilog. de phosphates, à raison de 15 fr. les 100 kil. représentent une valeur de 3 fr.; donc les 10 kilog. d'azote se vendent, dans le guano, 37 fr., soit 3 fr. 70 cent. le kilog.

Les 100 kilog. de guano urineux contiennent 8 kilog. 350 grammes de phosphates divers représentant une valeur de 1 fr. 25 c. à raison de 15 f. les 100 kilog.; ils contiennent en outre 16,835 d'azote qui, au prix de l'azote du guano, soit 3 fr. 70 cent. valent 62 fr. 30 cent. La valeur des 100 kilog. de guano urineux comparée à celle du guano du Pérou est donc en réalité de 63 fr. 55 cent.

Nous allons démontrer par des chiffres d'une exactitude rigoureuse que ceux qui consomment du guano au prix de 40 fr. les 100 kilog. ont grand tort de ne pas concentrer des urines qui leur donneraient un guano qui coûterait moité moins. Un industriel qui s'emparerait de tous les liquides urineux et qui en extrairait le guano réaliserait certainement des bénéfices considérables. Posons des chiffres et puisons-les dans l'excellent ouvrage de M. Robard, ouvrage que nous voudrions voir entre les mains de tous les producteurs d'engrais et de tous les cultivateurs, car il est écrit avec une véritable passion pour le bien et les améliorations utiles et praticables.

En raison de l'odeur infecte qui se dégage des urines que l'on fait évaporer, nous reconnaissons la nécessité de faire cette opération loin des grands centres d'habitation, quoiqu'on puisse certainement obvier à cet inconvénient par des moyens pratiques. Cette usine de concentration serait très-bien placée à la proximité d'un grand bois, car la puissance d'absorption des végétaux pour toutes les émanations de cette nature est telle, que cet inconvénient serait atténué en grande partie au profit de la végétation forestière.

Trois chevaux transportent à 8 kilomètres, en une demi-journée, y compris l'aller et le retour, ainsi que le chargement et le déchargement, 5000 kilog. poids brut, se décomposant comme il suit :

Poids net de la voiture, 1500 kilog (poids mort) Ensemble
 — net de marchandises, 3500 k. (poids utile) 5000 kilog.

Ce qui donne, par jour et pour 3 chevaux 7000 kilog. de poids utile, transportés à 16 kilomètres, il n'est pas un industriel qui puisse contester ces chiffres non plus que ceux qui vont suivre, et qui sont relatifs à la dépense journalière du matériel roulant, en y comprenant hommes et chevaux :

Nourriture { avoine 14 litres par cheval et par jour, à 6 fr. l'hectolitre	0ᶠ 84ᶜ	soit par jour et par cheval, 2 fr.
foin, 2 bottes par cheval et par jour à 37 fr. 50 cent. le cent	0 74	
Paille, une botte par cheval et par jour, à 28 fr. le cent	0 28	
Son et recoupe par cheval et par jour. id.	0 14	

Soit pour 3 chevaux et par jour............ 6 «
Ferrage, abonnement à 20 cent. par cheval et par jour, ensemble 0 60
Vétérinaire, abonnement par cheval et par an (par jour)........................... 0 20
Médicaments, 30 fr. par an et pour 3 chevaux, soit par jour 0 08
Dépréciation des chevaux à 10 p. 0/0 l'an, valeur totale 1800 fr. (par jour) 0 49
Dépréciation des harnais à 30 p. 0/0 (valeur totale 360 fr.) 0 30
Dépréciation et entretien du matériel roulant à 10 p. 0/0 valeur totale 1500 fr 0 41
Ustensiles d'écurie à raison de 10 fr. par cheval et par an 0 08
Ensemble pour nourriture des 3 chevaux, usure du matériel, etc................. 8,16 par jour
Salaire d'un charretier à raison de........ 2,75 idem

Ensemble net................ 10,91

Ainsi la dépense nécessitée pour le transport de 7000 kilog. de poids utile à 16 kilomètres, est représentée par le chiffre de 1 fr. 56 pour 100 kilog. ou 0 fr. 97 par kilomètre.

Voyons maintenant ce que donnerait une production de 1000 kilog. d'urines séchées par jour. M. Paulet a constaté que les eaux vannes sur lesquelles il a opéré rendait de 30 à 35 kilog. en produits secs, soit une moyenne de 3,25 p. 0/0. Prenons ce chiffre. Il faudrait donc pour obtenir 1000 kilog. d'urines sèches, opérer sur 350 hectolitres, par jour.

Le traitement de cette masse énorme exigera pour tout matériel de fabrication six chaudières de 5 mètres cubes de capacité ou 50 hectolitres, en tôle de 4 millimètres d'épaisseur, pesant chacune 5000 kilog. soit ensemble : 3000 kilog. et valant 3900 fr.. Ces chaudières reposent tout simplement sur quelques dès en briques qui les séparent du foyer, sans cheminées et sans fourneaux à proprement dire. En portant à 2000 fr. ces modestes frais d'installation on restera bien au-dessus de la vérité. Il faut ajouter, pour le transport de 350 hectolitres d'urine, le prix de cinq voitures et de quinze chevaux : soit 11250 fr. pour 15 chevaux, accessoires compris à 750 fr. l'un, et 7500 fr. pour 5 voitures à raison de 1500 fr. l'une ; si l'on ajoute à ce capital 2350 fr. pour l'approvisionnement en fourrages et en combustibles, on aura un total de 30000 fr. pour frais d'installation.

Voyons maintenant les frais de fabrication.

3 ouvriers de jour à 3 francs........	9 fr. par jour.	
2 ouvriers de nuit à 4 francs........	8	
1 contre-maître..................	5	
Combustibles à raison de 25 p. 0/0 du poids total à chauffer soit :		
8750 kilog à 30 fr. les 1000 kil....	262	50 cent.
Location à raison de 1200 francs......	3	29
Contributions, assurances, comptabilité, etc., 1500 fr. l'an..............	4	11
Dépréciation annuelle de 20 p. 0/0 sur 3900 fr (Chaudières)..............	4	11
Intérêts 5 p. 0/0 sur 30000 francs (frais d'installation)................	2	11
Emballages.................	6	«
Menus sels de sulfate de fer à raison de 2 kilog. par hectolitre, soit :		
700 kilog. à 6 fr...............	42	«
Total................	346	15
Transport des 3500 kilog. d'urine à la fabrique, à raison de :		
1 fr. 56 cent. les 1000 kilog.......	54	60
Prix de revient net de 1000 kilog. urine sèche.................	400	75

Ce qui nous donne le chiffre de 40 fr. pour prix de revient de 100 kilog. d'urine sèche, soit la somme de 23 fr. 55 cent. au-dessous du prix actuel du guano. Mais si au lieu des eaux vannes de la vidange, toujours étendues d'une quantité d'eaux ménagères, on opérait sur des urines pures qui donnent 6,70 p. 0/0 de matières sèches d'après l'analyse de Berzélius ;

les 350 hectolitres traités par jour, produiraient pour le même prix 2345 kilog. d'urine desséchée. En comptant seulement, pour éviter toute déception sur un rendement net de 2000 kilog. on obtiendrait ce rendement à raison de 20 fr. les 100 kilog., c'est-à-dire à 9 fr. au dessous de la valeur agricole certaine et réalisable partout, puisqu'à raison de 29 fr. nous sommes dans les limites du prix du fumier.

Ainsi, un industriel qui voudrait faire l'application pratique de ces données, et qui fabriquerait journellement 2000 k. d'urine sèche qui lui coûteraient 400 fr., réaliserait un bénéfice de 180 fr. par jour, ou de 64800 fr. par an, en vendant ce produit desséché à raison de 29 fr. les 100 kilog., prix de la valeur agricole du fumier ; et tout cela avec un matériel qui ne s'élèverait certainement pas à la valeur de 50000 fr.

Posons encore quelques chiffres utiles et curieux. L'azote ainsi obtenu reviendrait en fabrique à 1 fr. 12 le kilog., et comme il suit :

(Analyses de MM. Boussingault et Payen).

16 kilog. 835 d'azote, à 1 fr. 12 . . 18,75) Ensemble prix
    (Analyses de Berzélius). .   (de revient des
Valeur des 8 kilog. 350 de phospha-   (100 k. d'urine
tes divers à 15 fr. les 100 kilog... 1,25) sèche 20 fr.

En vendant 29 fr. les 100 kilog., le kilogramme d'azote serait livré à l'agriculture à raison de 1 fr. 644, comme le montre le relevé suivant :

Valeur des 16 kilog. 835 d'azote, à   )Ensemble prix
  raison de 1 fr. 644............ 27,75 (de revient au
Valeur des 8 kilog. 350 de phosphates (cultiv. des 100
  divers à 15 fr. les 100 kilog....... 1,25) kilog d'urine
) sèche, 29 fr.

La même quantité de guano coûterait 40 fr. au lieu de 29, soit, en faveur des urines, une diminution de prix de 11 fr. par 100 kilog. ou 27, 50 p. 0/0 de moins sur le prix, et 132,80 p. 0/0 de plus sur la richesse du guano, puisque pour le prix de 100 kilog. de guano du Pérou, soit 40 fr., le cultivateur aurait 138 kilog. de guano urineux, et que ce dernier lui donne 23 kilog. 280 d'azote, tandis que le guano du Pérou ne lui en donne que 10 kilog. comme le prouvent les chiffres suivants.

138 kilog. guano urineux à 29 fr. les
  100 kilog ....   40 fr.
138 kilog. guano du Pérou, pesant
  10 kilog. 835 d'azote .... 23 k. 28 d'azote, 40 fr.

Comparons maintenant l'emploi du guano urineux et celui

du guano du Pérou à celui du fumier de ferme et voici les résultats auxquels nous arrivons.

Il faut, pour fumer un hectare, employer annuellement 10000 kilog. de fumier de ferme qui apporte au sol 40 kilog. d'azote.

Si l'on veut remplacer le fumier par du guano du Pérou, qui dose 10 p. 0/0 d'azote, il faudra 400 kilog. de cet engrais pour fournir au sol les 40 kilog. d'azote que lui apporte les 10000 kilog. de fumier, ce qui représente une dépense de 180 fr. par hectare.

Si l'on remplace le fumier de ferme par une quantité de guano urineux suffisante pour apporter au sol la même quantité d'azote, soit 40 kilog., il ne faudra en employer que 240 kilog., qui à raison de 29 fr. les 100 kilog. représentent une valeur de 69 fr. 60, d'où une économie de 90 fr. 50 sur le guano du Pérou et par hectare ; c'est à dire l'énorme économie de 56,50 p. 0/0.

Ainsi, voilà un moyen sûr, pratique, économique, n'exigeant ni grande science ni grande dépense, de tirer un parti utile et profitable à tous de ces choses perdues ; et certes, s'il s'établissait de pareilles industries dans le voisinage de tous les grands centres de population, l'agriculture serait bientôt affranchie de la dîme étrangère qu'elle paye pour se procurer l'excédant d'engrais dont elle a besoin. Espérons que d'ici à peu de temps on fera l'application de ces idées, et que nous n'aurons plus que le regret d'avoir perdu pendant si longtemps des valeurs considérables dont l'agriculture et le pays tout entier ont tant besoin.

Les liquides de la vidange, les eaux vannes des fabricants d'engrais ne sauraient être exploités économiquement, a-t-on dit, dans les conditions que nous venons d'indiquer, parce qu'ils sont noyés dans une grande quantité d'eau. L'objection est sérieuse, mais elle ne s'applique pas aux urines pures susceptibles d'être recueillies dans les urinoirs publics; celles-ci peuvent être évaporées directement avec profit. Quant aux eaux vannes, on pourrait les concentrer préalablement à l'aide d'un bâtiment de graduation dont l'établissement n'est pas très-coûteux et n'augmenterait pas beaucoup le capital d'exploitation. Ce moyen éminemment économique n'est pas applicable partout, à cause de l'odeur infecte qui se produit par la concentration des urines. Nous le répétons, une pareille industrie, pour prospérer sans nuire aux voisins, ne peut être établie que loin des centres d'habitation et à la proximité d'un grand bois. Sont-ce là des conditions impossibles à réaliser? non, sans doute.

On a essayé de solidifier les urines au moyen du plâtre et

de vendre le produit sous le nom *d'urates*; mais ce mélange ne contenant que 0,36 p. 0/0 d'azote et ayant l'inconvénient de former un engrais dans lequel 90 p. 0/0 du poids total était absolument inutile, ne pouvait être accepté par l'agriculture et n'a pas réussi.

Nous avons dit que le moyen le plus simple de tirer parti de ces engrais liquides serait l'emploi direct des urines à l'arrosage des terres, comme cela se pratique dans le nord de la France, dans le Bas-Rhin, dans les Vosges, en Hollande, en Suisse, et comme on le fait en Angleterre depuis 1847, avec des résultats satisfaisants.

Sans vouloir entrer dans les détails des procédés pratiques de cet arrosage, nous allons indiquer ici les résultats des observations publiées par M. Moll, le savant professeur du Conservatoire de Paris, à la suite d'une exploration faite en Angleterre dans un but d'utilité générale, et provoquée par la Société d'agriculture de Meaux.

Le procédé d'arrosage de M. Chadwick, appliqué pour la première fois par M. James Kennedy, cultivateur à la ferme de Meyer-Mill, située à 8 kilomètres de la ville d'Ayr, en Écosse, consiste à transformer en engrais liquides toutes les matières excrémentitielles, à laisser fermenter celles-ci pendant trois ou quatre mois dans d'immenses réservoirs, et à les diriger ensuite dans toutes les directions et jusqu'aux parties les plus éloignées de la propriété, à l'aide de tuyaux de distribution analogues à ceux qui amènent le gaz dans les villes, et par la puissance d'une machine à vapeur.

M. Kennedy emploie cet engrais liquide, à raison de 436 hectolitres par hectare; il fume ses herbages après chaque coupe, et ses terres arables après chaque semaille; il fume en outre, dans les intervalles, si cela est nécessaire, et il donne en moyenne de 6 à 12 fumures par an au même terrain. Le système d'arrosage est organisé de telle sorte qu'un homme et un enfant suffisent pour fumer 5 hectares, dans une journée de dix heures.

L'étendue de la ferme de M. Kennedy est de 200 hectares; l'installation complète de ce procédé de fumure a coûté, en y comprenant les réservoirs, la machine à vapeur, les pompes, les tuyaux en fonte et en gutta-percha, 39650 fr. ou 198 fr. 25 cent. par hectare. Les dépenses annuelles comprenant l'intérêt des amortissements, les salaires annuels, le combustible, sont représentées par le chiffre total de 7036 fr. 25, soit 35 fr. 18 par hectare.

Le produit net de cette propriété a plus que doublé, par suite de l'introduction de ce nouveau système de fumure. Voici les moyennes des récoltes obtenues dans un intervalle de quatre années.

76125 kilog. de turneps................. par hectare.
34 hectolitres 85 litres de froment........ —
38 hectolitres 60 litres d'avoine......... —
142100 kilog. de fourrage vert, ray-grass... —

Ce qui frappe beaucoup plus encore que ces rendements, c'est l'énorme extension donnée au bétail. On tient toute l'année à Myer-Mille :

	Equivalents en têtes de gros bétail.
200 bœufs à l'engrais........	200
6 vaches laitières..........	6
800 moutons...............	80
105 porcs.................	17
20 chevaux...............	20
Total........	323

Ce qui équivaut à une tête de gros bétail pour 6/10 d'hectare, proportion énorme qu'aucune exploitation conduite par les procédés ordinaires n'a encore pu atteindre.

Dans une autre ferme anglaise, à Canning-Park, chez M. Telfer, l'installation a coûté 262 fr. 50 par hectare, et les frais annuels ont été de 35 fr. pour la même surface. Là, le produit net a été de 1000 fr. par hectare.

Les exploitations anglaises qui ont adopté ce système sont celles de M. Balston, à Dimduff; M. le duc de Sutherland, à Trenthane; M. Nelson, à Halevood, près Liverpool; M. Huxtable, à Sutton-Waldron, et M. Littledale, à Liscard, près Birkenhead. Cette dernière ferme contient 162 hectares; le ray-grass y donne, en fourrage vert, 25375 kilog. par hectare, soit 20300 kilog. de foin sec pour cette surface. C'est à cette prodigieuse quantité de fourrages qu'est due la possibilité de nourrir abondamment, dans cette ferme, 144 têtes de gros bétail. M. Littledale assure que le revenu annuel de son exploitation s'est élevé à plus du double de ce qu'il était il y a dix ans. Enfin, des résultats analogues ont été obtenus aux fermes de Clipestone, de Mairdrookwood, de Port-Kerry, de Clayton, de Galewood, de Canning-Park, et dans celle de M. Pusey.

Aucune grande application de ce système n'a encore été signalée en France. On dit cependant que le général Morin a fait quelques essais en Alsace, aux environs de Saverne, mais rien n'a transpiré, à ma connaissance, sur la nature des résultats obtenus. Au surplus, il est probable que ce système de fumure, quelque lucratif qu'on le suppose, aura de la peine à se propager en France, à cause du morcellement de la propriété. Et puis on n'a pas encore présenté un état des dépenses et des frais annuels, calculé pour la France; cependant, il faut penser que le combustible qui ne coûte à Myer-Mille que 6 fr. 15 cent. les 1000 kilog., en vaut 30 en France; que les machines à vapeur à basse pression qui ne coûtent, en Angleterre, que 500 fr. par force de cheval, ne coûtent guère moins de 1000 fr. en France, et qu'il en est à peu près de même pour les tôles employées à la confection des bassins et pour la fonte des tuyaux de conduite.

Ce sont là des objections qui ne touchent en rien à la méthode en elle-même, fonctionnant dans des conditions données; mais il en est d'autres qui nous paraissent beaucoup plus graves. Il ne faut pas oublier que ces engrais liquides ne sont que des engrais incomplets, capables d'amener à la longue l'épuisement du sol. Sans doute, les terres riches en débris végétaux, en humus, donneront, avec ce système, des résultats magnifiques; mais chaque récolte emporte annuellement des quantités considérables de carbone sous la forme d'humus, et si on n'en restitue pas, ne sera-t-on pas obligé dans un quart de siècle, par exemple, de refaire entièrement cette terre végétale qu'on aura imprudemment dévorée? Cette question, on le comprend, doit être mûrement examinée.

Étudions maintenant la composition de ces engrais formés avec toutes les matières excrémentitielles du bétail, transformées en engrais liquides. M. Way, chimiste de la Société royale d'agriculture, l'un des hommes les plus compétents en fait d'analyses d'engrais, a analysé ceux de Sutton-Waldron. Voici les résultats de cette analyse:

$$
\text{1 gallon, ou 4 litres 54..}
\begin{cases}
\text{Eaux.............} & 3975^g\,727 \\
\text{Matières extractives} & 78\ 273 \\
\end{cases}
$$
$$
4054\ 000
$$

Les 78 gr. 273 de matières extractives sont composés de:

25 g. 754 de matières organiques;
52   519 de cendres.

Les 1000 gallons ou 45 kil. 43 contiennent:

22 k. 865 de carbonate de potasse;
22   002 d'ammoniaque;
 0   577 d'acide phosphorique;
 0   614 de magnésie.

Ces chiffres nous donnent pour chaque hectolitre d'engrais:

503 g. de carbonate de potasse;
485 g. d'ammoniaque;
 14 g. d'acide phosphorique.

3

Les 485 g. d'ammoniaque représentent 399 gr. 57 d'azote, ou, en nombre rond, 400 gr. pour 100 kil. de liquide. C'est exactement la richesse du fumier de ferme. Il faudra donc employer 100 hectolitres de ces engrais, par hectare et par an, pour fournir au sol les 40 kil. d'azote absolument indispensables. Ces 100 hectolitres lui fourniront, en outre, 50 kil. 300 de carbonate de potasse, et 1 kil. 490 d'acide phosphorique. C'est beaucoup pour la potasse, mais c'est trop peu pour l'acide phosphorique. La première venant du sol, doit y retourner ; mais la proportion du second est tout à fait insignifiante, car 1 k. 490 d'acide phosphorique ne représentent que 3 k. 228 de phosphate de chaux des os, ou moins de la vingtième partie de ce qui est nécessaire. C'est donc là un engrais incomplet au premier chef. Il est vrai qu'au lieu d'un hectolitre par hectare, équivalant à 10000 kil. de fumier, on déclare en employer 436 hectolitres renfermant une richesse en azote quatre fois plus considérable que celle d'une fumure ordinaire. On ne doit donc pas être étonné des résultats magnifiques que l'on obtient avec ce système et que l'on obtiendrait certainement en appliquant au sol 40000 kil. de fumier de ferme par hectare et par an, au lieu de 10000 kilog. seulement. Mais alors la dépense plus considérable augmenterait certainement le prix de revient des produits.

Ces considérations nous amènent à dire que l'agriculture ne doit s'emparer des choses perdues, riches en matières organiques animales, mais pauvres en humus, que comme des adjuvants venant augmenter utilement la valeur des fumiers que les cultivateurs ne produisent pas en assez grande quantité. Nous ne conseillerons donc jamais l'emploi *exclusif* des urines, car nous croyons à l'utilité des engrais pailleux qui viennent donner ou restituer au sol l'humus, dont il a tant besoin ; mais nous pensons qu'on peut en faire une application facile à l'augmentation des productions agricoles, sans nuire à la fertilité du sol. M. Moll, pénétré de l'utilité de cette application, secondé par le concours éclairé de M. Dumas et de M. le Préfet de la Seine, a obtenu du Conseil municipal de la ville de Paris, une subvention votée à l'unanimité pour faciliter la restitution à l'agriculture des liquides urineux. Sous l'habile direction de MM. Moll et Milte, une société en commandite s'est constituée très-rapidement, pour exploiter la ferme de Vaujours, située à 10 kilomètres de Bondy, et d'une contenance de 92 hectares. Quels que soient les résultats des efforts persévérants de M. Moll pour utiliser ces choses perdues, il est certain que l'agriculture lui doit de la reconnaissance pour son zèle à poursuivre la solution de ce problème agricole.

M. Boussingault, qu'il faut toujours citer honorablement lorsqu'il s'agit de questions agricoles, a conseillé un moyen très-simple et très-commode pour extraire des urines pures et fraîches une partie de l'ammoniaque et de l'acide phosphorique qu'elles contiennent. Ce procédé consiste à verser dans les urines fraîches une dissolution de chlorure de magnésium que l'on peut se procurer aisément et à bas prix. On obtient ainsi, par mètre cube d'urine, 7 kil. de phosphate double d'ammoniaque et de magnésie, dont la valeur agricole est représentée par :

432 grammes d'azote à 1 fr. 65 c.........	0f 713	Soit pour la valeur agricole des 7 kilog. de phosphate double d'ammoniaque et de magnésie ramené à la valeur du fumier, 1 f. 50 ou 0 f. 215 le kil.
4 kil. 823 de phosphate de chaux à 15 c....	0 723	
700 gram. de magnésie à 10 c...........	0 070	

Ce procédé est extrêmement simple et peu dispendieux; il peut être pratiqué très-utilement dans tous les établissements où l'on recueille économiquement de grandes quantités d'urines pures; mais cependant c'est peu de n'obtenir qu'un produit de 1 fr. 50 par mètre cube, et on est en droit de se demander ce qu'il resterait de bénéfice après les frais de main-d'œuvre, si on venait à appliquer cette méthode au traitement des eaux vannes qui ne rendraient guère que la moitié de cette quantité.

Les urines peuvent encore être exploitées avec profit en les faisant servir à la fabrication de l'ammoniaque et des sels ammoniacaux; mais c'est là une exploitation qui ressort entièrement de l'industrie des produits chimiques, et nous ne traiterions cette question que si on nous demandait de le faire.

Il nous reste maintenant à examiner, au point de vue de l'industrie de la fabrication des engrais, s'il est des méthodes d'une exécution facile et pouvant procurer l'emploi avantageux de tant de valeurs utiles et si souvent perdues. Il ne faut pas se dissimuler que l'industrie est souvent limitée dans ses moyens d'action par les difficultés qui surgissent toujours dans l'application; et, s'il est facile de dire qu'on ne devrait rien perdre des agents qui constituent la valeur agricole des liquides urineux, il faut au moins se demander comment on peut se débarrasser économiquement de l'immense quantité d'eau qui noie ces agents.

M. Rohart, dont l'expérience doit être invoquée lorsqu'on se place en face de ces difficultés, est convaincu que le meilleur mode d'exploitation de ces liquides consiste dans la filtration et la concentration, au moyen de grands réservoirs filtrants, construits en plein air, dans lesquels les principes utiles des urines sont retenus par des matières végétales, très-poreuses et destinées à fournir, comme la paille, l'humus soluble et le carbone sans lesquels il ne saurait exister d'engrais complets.

Le rôle que joue la paille dans la préparation des fumiers va nous indiquer la solution de ce problème industriel. La paille retient dans un nombre infini de petits tuyaux, les urines des bestiaux; l'air y a une introduction facile; la concentration des urines s'y opère sans dépense aucune; les déjections épaisses y sont retenues sans difficulté; puis, grâce à l'intervention de la fermentation, de l'ammoniaque se produit, et celle-ci accélère la décomposition de la fibre ligneuse des litières et sa conversion rapide en humus soluble. Il faut donc que le fabricant d'engrais fasse choix de débris végétaux très-poreux, agissant à la manière de l'éponge, non-seulement afin que l'eau surabondante puisse s'évaporer facilement, et être remplacée journellement par de nouvelles quantités de liquides qui se concentreront à leur tour, mais encore parce que cette porosité est très-utile pour absorber en même temps l'odeur infecte de ces liquides.

Avant d'aller plus loin, car je vais me heurter contre un préjugé très-répandu dans le département et qui n'a même pas encore trouvé grâce devant tous les hommes éclairés du comice, je dois rappeler qu'il importe peu à la plante que le carbone dont elle a besoin lui soit fourni par une source ou par une autre. C'est là une vérité fondamentale, une vérité de tous les temps, victorieusement démontrée d'ailleurs par les belles expériences de M. Boussingault, sur le développement des hélianthus. Le choix des substances végétales pour la préparation des fumiers ou la fabrication des engrais, substances dont le rôle essentiel est de fournir l'humus ou le carbone soluble, est donc indifférent et n'a d'autre raison d'être que la facilité de se procurer ces substances le plus économiquement possible. Cette assertion est irréfutable; elle a toute la force d'un axiome.

Ceci dit, je déclare avec M. Robart que les débris végétaux qui réussissent le mieux sont la tannée et la tourbe des marais.

La tannée, quoi qu'on en pense, fournit un terreau très-riche en humus soluble et capable de développer une végétation des plus luxuriantes, dont les jardins des tanneurs offrent toujours l'aspect. L'un des plus riches domaines du pays de Caux emploie depuis plus de 12 ans, et avec le plus grand succès, une partie de la tannée de l'établissement de

Mme veuve Tetzel, de Caudebec. M. Rohart a vu, en 1855, un artichaut phénoménal sur un plant cultivé dans de la tannée pure, dans le jardin de M. Féret, tanneur au Val-de-Lahaye, près Rouen. Cet artichaut avait 90 centimètres de diamètre, et tous les maîtres de l'artichautière, ainsi que les rejetons, avaient pris un développement proportionnel ; l'ensemble présentait une vigueur extraordinaire facile à expliquer pour ceux qui veulent bien comprendre que l'écorce de chêne s'enrichit sensiblement par suite de son contact prolongé avec des matières organiques si riches en azote. Un peu plus tard, le même savant industriel vit une orange d'un volume encore inconnu en France, et cueillie sur un oranger cultivé dans du terreau provenant exclusivement de la tannée.

Ces faits n'ont rien qui puisse surprendre les personnes qui savent se rendre compte du mode d'action des débris de végétaux, à l'égard de l'alimentation des plantes. Sans doute la science a signalé comme un danger la présence du tannin dans le sol, mais la tannée n'en renferme plus la moindre trace ; il suffit même que les débris végétaux riches en tannée, comme les feuilles, par exemple, aient passé par les phases de la décomposition et de la transformation du carbone en humus soluble, pour que le tannin soit détruit. Au surplus, on s'est beaucoup exagéré l'influence fatale du tannin en agriculture. M. de Saint-Priest, l'un des cultivateurs les plus distingués, s'exprime ainsi, à ce sujet, dans un mémoire sur l'emploi des feuilles et des pailles en agriculture, publié dans le *Journal d'agriculture*, 1er semestre 1857 : « L'influence fatale du tannin et de ses composés me semble un peu exagérée. Pour ma part je déplore beaucoup l'enlèvement des feuilles dans mes bois ; de tous côtés on me les vient dérober et je vois ensuite mes pillards les employer à fumer leurs terres et leurs vignes, lesquelles rendent tout autant qu'avec d'autres fumiers. Les vignes en question produisent notamment l'un des très-estimables vins des côtes du Rhône. »

M. Henzé, dans son *Cours d'agriculture*, s'exprime ainsi : « On accélère la décomposition de la tannée, on détruit les principes astringents qu'elle renferme, et on en augmente les propriétés fertilisantes, en la laissant en tas pendant une année et en l'arrosant avec des urines ou des purins. Ainsi préparée, elle peut être appliquée avec avantage soit sur les terres arables, soit sur les prairies naturelles et artificielles, sur lesquelles elle produit de très-bons effets. » Ces citations suffisent pour prouver l'utilité de la tannée et pour rassurer à l'égard de la présence du tannin qui ne peut plus exister là où la fermentation putride a développé la présence de l'ammoniaque, qui concourt à la destruction et à la transformation du tannin.

Voyons maintenant quelles sont les matières minérales utiles qui entrent dans la composition de la tannée. M. Berthier a trouvé les écorces de chêne composées de :

Matières organiques végétales	94,00
Cendres	6,00
	100,00

Les cendres sont composées de :

Matières solubles dans l'eau	5,00
Matières insolubles	95,00
	100,00

Cent parties de matières solubles sont représentées par :

Acide carbonique	23,20
— sulfurique	06,00
— chlorhydrique	00,70
— silicique (silice)	00,80
Potasse	63,30
	100,00

Cent parties de matières insolubles contiennent :

Acide carbonique	38,50
— silicique	01,10
Chaux	50,10
Magnésie	00,80
Oxyde de manganèse	07,40
Charbon	02,40
	100,00

Ici le produit minéral qui a le plus de valeur c'est la potasse ; mais elle ne doit être considérée que comme chose complémentaire ; car l'emploi de la tannée n'a d'autre but que de procurer économiquement aux engrais le carbone et l'humus qui leur sont indispensables. Nous ferons cependant remarquer que la composition des cendres de la tannée nous y montre précisément toutes les matières minérales que l'on retrouve dans le blé et dans le fumier de ferme. L'emploi de la tannée dans la fabrication des engrais artificiels, constitue donc, comme le dit M. Rohart, une pratique judicieuse, rationnelle et l'un des moyens les plus économiques auxquels l'on puisse avoir recours pour fournir au sol une source abondante d'humus et de carbone. Nous avons cité l'opinion de M. Henzé sur l'utilité de la tannée, citons celle de M. Pon sard, président du Comice agricole de la Marne, qui conseille de faire de la terre végétale avec de la sciure de bois ou de la tannée partout où l'on peut se procurer ces débris à bon marché, pourvu qu'on les animalise d'abord avec des urines qui accélèrent la transformation du bois en humus soluble.

En voilà assez, si je ne me trompe, pour justifier l'emploi de la tannée en agriculture et pour mettre au néant tous les préjugés qui sont de nature à empêcher la vulgarisation de cette pratique utile.

Nous allons voir maintenant, en ce qui concerne l'emploi de la tourbe comme choix de matière première et propre à la fabrication des engrais, que les opinions sont unanimes pour légitimer ce choix.

M. A. Pavis, dans son *Traité des amendements*, s'exprime ainsi : « La tourbe, par son alliance aux engrais azotés, peut offrir de grands avantages à la végétation. Les tourbières desséchées donnent assez souvent des sols d'excellente qualité ; nous avons vu les plus belles moissons couvrir les tourbes desséchées de la vallée de la Canche, près Montreuil-sur-Mer. Les marais tourbeux de la Vendée offrent les sols les plus productifs du pays ; ceux de Bourgoin (Isère) ont produit beaucoup sur la plus grande partie de leur étendue. La France n'a pas de jardins plus productifs que ceux des hortillons d'Amiens établis sur des terrains tourbeux, et les jardins de Paris ont conservé le nom de *marais* de l'ancien état de leur sol. Heureux le pays qui brûle sa mère ! Ce dicton populaire, né dans les contrées que les cendres de tourbe ont enrichies, devrait être une grande leçon pour les pays de France où la tourbe se trouve en grande abondance, et ces pays sont nombreux. Partout donc où se trouve de la tourbe facilement exploitable, sans qu'on l'emploie ni dans l'agriculture, ni dans les arts, on laisse enfoui un trésor d'où pourrait naître la prospérité et la richesse du pays. »

M. Girardin, dont le nom fait autorité dans toutes les questions agricoles, pense que l'on a beaucoup trop négligé les avantages que l'on peut tirer de la tourbe en agriculture ; à ce propos ce savant auteur du *Traité des fumiers* cite le fait suivant : « Au collège de Caen, M. l'abbé Daniel fait employer la tourbe pour absorber et désinfecter les matières fécales et tous les liquides des fosses, et l'on s'en trouve parfaitement. Les laboureurs intelligents des environs fournissent la tourbe, et lorsqu'elle est suffisamment animalisée, ils l'emportent pour la faire servir à la fumure de leurs terres. » C'est là, comme on le voit, un engrais complet analogue au fumier de ferme sous tous les rapports.

M. Soubeiran, qui a spécialement étudié l'action de la

tourbe comme engrais végétal, s'exprime ainsi : « Du reste, l'humus extrait de la tourbe a les mêmes propriétés que l'humus du terreau. J'ai trouvé à la tourbe le même pouvoir conservateur qu'au terreau. J'ai pris d'une part 100 grammes de viande de cheval desséchée que j'ai humectée et que j'ai abandonnée à elle-même. Tous les phénomènes de la putréfaction la plus active s'y sont développés. J'ai pris la même quantité de viande que j'ai humectée et que j'ai mélangée avec six fois son poids de tourbe fraîche ; la décomposition s'est faite avec lenteur ; la matière animale s'est détruite lentement, formant avec la tourbe un composé qui n'avait rien de l'odeur infecte de la viande putréfiée, et que l'on pouvait comparer à celle du fumier en décomposition. »

Voici l'opinion de MM. Bobière et Moride: « La tourbe doit concourir, lorsqu'elle est convenablement mélangée, à produire d'excellents engrais. Les matières organiques sont disposées dans la tourbe d'une manière telle que, sous l'influence d'un alcali, de l'ammoniaque par exemple, elle acquiert un degré de solubilité des plus remarquables.

« La même action se passe, lorsque, dans la pratique agricole, on stratifie la tourbe avec de la chaux vive. Dans l'un et l'autre cas, on rend assimilables les éléments à base de carbone qui constituent la tourbe. Sous l'influence des mélanges qu'on lui fait subir avec des matières fermentescibles, ses pores se distendent, ses portions non désagrégées se divisent ; cette même tourbe qui, de prime abord, était impropre à la végétation, devient par cela même, et surtout en présence de l'ammoniaque des matières animales, un adjuvant des plus précieux, lorsqu'il est employé avec discernement, dans l'amélioration des sols. »

M. de Gasparin dit que pour tirer parti du carbone surabondant de la tourbe, il suffit d'associer celle-ci à des subtances azotées, et qu'en faisant servir la tourbe sèche pour litière, on épargne ainsi la paille. « Ainsi, ajoute le célèbre agronome, le principal effet de cette manipulation est de convertir la tourbe en terreau doux, propre à alimenter les plantes de carbone dans les terres qui en manquent. » M. Malaguti s'exprime ainsi dans les excellentes leçons de chimie agricole qu'il professe à Rennes : « Quand on pense que, vu son état spongieux, nulle matière n'est comparable à la tourbe pour la faculté absorbante ; qu'elle est une source immédiate et très-riche d'humus ; que, vu sa texture lâche, elle n'exige pas une grande dépense de force pour être divisée et amenée à l'état convenable ; qu'enfin, elle contient souvent plus d'azote que le fumier frais, on a lieu de s'étonner qu'on ne l'ait pas mieux utilisée en agriculture. »

M. Villeroy recueille, avec le plus grand soin, les engrais humains de son exploitation et les fait conduire aux champs : « Là, dit-il, on mêle le contenu des tonneaux à de la tourbe, et on obtient un engrais précieux, servant à beaucoup de jardiniers pour produire de très-beaux légumes et particulièrement des asperges d'une grosseur remarquable. »

Enfin M. Chevalier fils (*Notice historique sur les urines*), dit : « Nous avons utilisé les tourbes sèches pour remplacer la litière et absorber les urines. Pour cela, on dispose des couches de paille sur lesquelles on met un lit assez épais de tourbe sèche que l'on recouvre de paille. Le fumier préparé ainsi à l'aide des urines des vaches et des moutons, était comparable, pour ses effets, au meilleur fumier de ferme. »

La tourbe contient des matières azotées qui contribuent à en augmenter la valeur agricole. Ainsi :

D'après MM. Bobierre et Moride,
La tourbe de Moutoir (Loire-Infér.), contient 0,56 p. % d'azote.
—   Saumur (Maine et Loire),   —   0,65   —
—   Mer de Kérouan (Finistère),   —   1,70   —
D'après M. Régnault,
La tourbe de Vulcaire, près Abbeville (Somme), cont. 2.00 p. % d'az.
—   Mennecy (Seine-et-Oise),   —   2.40   —

La valeur absolue de chacune de ces tourbes calculée d'après la valeur agricole de l'azote du fumier, soit à 1 fr. 25 c., se solde de la manière suivante :

Tourbe de Moutoir, valeur agricole des 100 kilog., 0 fr. 92 c.
—   Saumur,   —   —   1   07
—   Kérouan,   —   —   2   80
—   Vulcaire,   —   —   3   44
—   Mennecy,   —   —   3   96

Il faut remarquer ici qu'il y a loin du taux commercial ordinaire des tourbes aux chiffres que nous venons d'indiquer, et il en est de même pour un très-grand nombre de matières premières. Le cultivateur ou le fabricant d'engrais qui achèterait les tourbes, rendues à sa ferme ou à sa fabrique, aux prix ci-dessus, ne ferait pas une brillante opération, bien qu'il ne payerait en réalité que l'utilité de la chose achetée ; mais il ne faut pas oublier qu'il s'agit ici de la valeur absolue que possédera l'azote lorsque la tourbe aura été transformée en un riche engrais. Elle n'a pas ces qualités dans l'état où le commerce la livre, et elle ne peut les acquérir qu'au prix de nouveaux frais de main-d'œuvre et de fabrication. L'azote existe bien dans la matière première, mais avec des propriétés incomplètes ; c'est, en un mot, une matière première qu'il faut façonner. La tourbe manque de phosphates, de matières animales putrescibles, de sels ammoniacaux ; il faut donc lui en donner et lui faire subir différentes manipulations dont les frais augmenteront nécessairement le prix brut de cette matière première. Le cultivateur et le fabricant d'engrais ne font pas autre chose que de façonner de l'azote qu'ils achètent brut et qu'ils revendent travaillée ; tout le problème consiste donc à bien connaître les sources d'azote, afin de l'acheter au meilleur marché possible, et de lui faire atteindre son maximum d'utilité, en l'obtenant à l'état d'engrais *complet*. La fabrication des engrais repose entièrement sur ces principes d'économie générale.

La préférence que l'on doit accorder à la tourbe ou à la tannée tient donc uniquement à la facilité de pouvoir se procurer plus avantageusement l'une que l'autre ; car, une fois imprégnées d'urine elles sont poreuses au même degré, et sont également propres à la filtration et à la concentration des liquides dont on veut extraire des principes utiles. L'usine d'Amfreville-la-mi-voie, près de Rouen, utilise toute la tannée des tanneries des environs ; elle la paye 3 fr. 50 cent. le mètre cube rendu au lieu d'exploitation et fait d'excellentes affaires et de bons engrais.

Comment faire maintenant pour utiliser économiquement les engrais liquides au moyen de la tourbe ou de la tannée ? On sait que l'emploi des liquides dans les fabriques d'engrais a toujours été considéré comme très-difficile, et même comme impossible. Nous allons cependant indiquer un moyen qui a permis à M. Rohart de se débarrasser avec succès, et sans perte aucune des matières utiles, de quantités d'eaux vannes qui s'élevaient fort souvent jusqu'à 100 et 120 hecto-litres par jour. Ce moyen consiste à creuser de grands bassins circulaires disposés à la manière de ceux que font les maçons pour éteindre la chaux.

Le fond de ces bassins doit être tapissé d'une couche épaisse de tourbe ou de tannée, de 30 à 40 centimètres de hauteur. Le pourtour doit avoir 50 centimètres d'épaisseur à la base et une hauteur de 40 à 50 centimètres, le tout doit être comprimé avec les pieds, afin que les parois du filtre puissent supporter la charge sans être exposées à se rompre. Ces filtres, dont l'étendue varie nécessairement suivant les quantités de liquide à concentrer, peuvent se construire sans dépense aucune et en plein air. Nous dirons, à titre de renseignement, qu'un filtre de 200 hectolitres est mis à sec en 15 ou 20 jours, si les circonstances sont un peu favora-bles, et que toutes les matières épaisses retenues peuvent alors être utilisées pour la fabrication ultérieure des engrais.

Dans ces filtres, les boues épaisses sont séparées d'autant plus rapidement, que la porosité de la tannée est plus grande ; toutes les matières utiles sont retenues, et les liquides qui suintent à travers cette éponge ligneuse et au contact de l'air laissent évaporer leur excédant d'eau et concentrent, dans l'intérieur même de la tourbe ou de la tannée, des matières animales et des sels ammoniacaux qui tourneront plus tard au profit de l'engrais à fabriquer, et qui augmenteront d'autant sa richesse agricole et sa valeur commerciale.

On peut accélérer l'évaporation par un moyen très-simple. Il suffit pour cela de placer sur le pourtour du filtre, de vieilles étoupes tressées grossièrement, et dont une extrémité plonge dans le liquide, et dont l'autre tombe en dehors du bassin et descend au-dessous du niveau du liquide. Plus on établira de ces sortes de tresses autour des bassins de réception et plus on activera l'évaporation; on peut ainsi augmenter sans aucuns frais, les surfaces évaporatoires, et si le vent est sec et actif on sera étonné de la rapidité du desséchement.

Dès que, par le fait de la recharge successive des filtres, la tourbe ou la tannée sont suffisamment gorgées des principes utiles des urines, lorsque leur porosité est détruite par l'accumulation des matières animales, on relève ces matières filtrantes à la pelle, on les amoncèle au centre du bassin de manière à en former un monticule. Bientôt ces matières s'échauffent et fermentent; les gaz provenant de cette décomposition sont retenus par la porosité de la tannée ou de la tourbe; l'ammoniaque produite dans cette fermentation réagit sur le ligneux qu'elle convertit peu à peu en humus soluble. On obtient ainsi un mélange qui est dans les mêmes conditions que le fumier pailleux, en voie de décomposition comme celui-ci, et éprouvant les mêmes réactions, les mêmes transformations chimiques.

Si l'on veut accélérer la transformation du ligneux en humus, il faut réunir plusieurs lots en un seul. Alors, le volume étant plus considérable, la température intérieure s'élève davantage et bientôt toute la masse émet des vapeurs abondantes. Il faut profiter de l'échauffement des tas, et faire pratiquer sur chacun d'eux de petits arrosages au moyen des engrais liquides.

On emploiera ainsi, sans dépense, de nouvelles quantités d'eau; on enrichit d'autant les matières végétales en voie de décomposition, et on leur fournit un puissant élément de désorganisation, si l'on sait éviter de refroidir les tas par des arrosages trop fréquents et trop abondants. Il faut aussi avoir le soin de remuer fréquemment les tas à l'aide d'une pelle, afin de renouveler les surfaces et d'accélérer la décomposition du ligneux. Il faut six mois pour que la tourbe soit ainsi convertie en humus, et un an pour la transformation de la tannée.

Le procédé que nous venons d'indiquer offre des avantages sérieux en tant que possibilité d'utiliser des liquides souvent très-riches et trop souvent perdus ; mais l'application de ce moyen réclame impérieusement un contrôle sévère et des mesures répressives efficaces, contre les fraudes qui font le plus grand tort à l'industrie des engrais et qui causent à l'agriculture un préjudice considérable. Si ces procédés de fabrication pouvaient être mis en pratique par les cultivateurs eux-mêmes, il est clair qu'ils en retireraient des avantages considérables ; malheureusement il ne peut en être ainsi, et il faut bien que ceux qui reconnaissent l'utilité des engrais fabriqués, les prennent dans l'industrie. Vendre, sous le nom de poudrettes, des matières autres que celles dont nous venons de parler, c'est commettre un vol manifeste ; et en l'absence d'une législation spéciale, il faudrait que les consommateurs exigeâssent du vendeur le titre de la richesse de leurs produits.

Cela se pratique journellement pour les bijoux, pour les acides, pour les alcalis, pour les sels, pour les sirops, pour l'alcool, et on ne pourrait nous vendre impunément du cuivre pour de l'or, un degré alcalimétrique pour un autre, un degré alcoométrique pour un autre, etc., sous le prétexte que ce sont toujours des bijoux, des alcalis, de l'alcool, etc. C'est donc par un inconcevable contre-sens que les marchands d'engrais peuvent user et abuser du droit exorbitant de vendre leur marchandise sans aucune espèce de garantie pour l'acquéreur. Il faut que de même que les bijoutiers, les marchands d'acides, d'alcalis, etc., qui ne peuvent vendre leurs marchandises que d'après leur degré réel, c'est-à-dire en fixant l'acheteur sur le nombre d'unités de valeur que représente la marchandise vendue, il faut disons-nous que les marchands d'engrais soient obligés de titrer leurs produits, et de dire au consommateur : je vous vends pour tel prix, tant d'azote et tant de phosphates, sinon l'agriculteur se trouvant toujours en face d'un dol, hésitera nécessairement à acheter des matières dont il ignore la valeur agricole réelle. Donc, il faut titrer les engrais, non-seulement sous le rapport de l'azote, mais encore sous celui des phosphates.

Cette législation protectrice est réclamée ardemment par l'agriculture ; elle l'est aussi par les fabricants honnêtes et par tous les hommes de cœur qui mettent leur talent au service des intérêts agricoles. Le jour où la loi viendra ainsi protéger tous les intérêts, sera aussi celui où on comprendra mieux la nécessité de ne rien perdre, en fait d'engrais urineux, car en eux se trouve une source féconde et inépuisable en azote et en phosphates.

En terminant cette seconde partie de notre travail, nous dirons qu'il est des liquides urineux tellement faibles qu'il est véritablement impossible de les utiliser économiquement.

Le seul moyen de s'en débarrasser est de les enfouir dans la profondeur du sol, à l'aide de bons puits absorbants. Mais pour créer ceux-ci utilement il faut s'adresser à des hommes spéciaux. Citons quelques faits à l'appui de cette opinion.

La Plaine des Paluns, près de Marseille, formée autrefois par un immense bassin marécageux, a été desséchée au moyen de puisards dont le fond rencontrait des nappes d'eau souterraines.

A l'hospice de Bicêtre, situé sur un point très-culminant, il existe, depuis 1790, un puits absorbant qui reçoit toutes les eaux pluviales et les déjections de quatre mille habitants.

M. Mulot, l'habile ingénieur chargé du forage du puits artésien de Grenelle, a creusé à Saint-Denis, un puits absorbant qui reçoit tout l'excédant d'eau d'un puits artésien, dont les 270.000 litres amenés par 24 heures, menaçaient d'inonder la ville.

A Villeterneuse, près de Saint-Denis, un autre puits absorbant reçoit en 12 heures, 64 mètres cubes d'eau provenant d'une féculerie.

Enfin, à la voirie de Bondy, il existe deux puits absorbants, dont l'un reçoit de 50 à 60 mètres cubes de liquides urineux par jour, et l'autre 200 mètres cubes.

Tels sont les moyens économiques et pratiques à l'aide desquels l'industrie peut utiliser avec profit les liquides urineux. Il nous reste maintenant à examiner la question au point de vue de la salubrité publique.

TROISIÈME PARTIE.

Nous savons que le fumier et tous les engrais tirent leur plus grande valeur agricole de l'azote qu'ils renferment, et que ce corps ne peut être absorbé par les végétaux qu'autant qu'il s'unit à de l'hydrogène pour se transformer en ammoniaque. Mais ce corps est extrêmement volatil, et c'est à lui que les fumiers en fermentation doivent leur odeur piquante, caractéristique. Si l'art n'intervient pas pour fixer l'ammoniaque dans les engrais, tout ce corps se volatilise et il en résulte une perte énorme pour l'agriculture, comme nous allons le démontrer.

L'ammoniaque est de tous les corps connus celui qui renferme le plus d'azote, 121,4 d'ammoniaque contiennent 100 d'azote. La valeur de l'ammoniaque est donc considérable, puisque l'azote qui constitue les 82.39 de son poids, se vend à raison de 4 fr. environ le kilog., dans le guano et dans la plupart des engrais, et qu'à ce prix, l'ammoniaque du guano et des engrais est vendu à raison de 3 fr. 295 le kil.

En considérant seulement le prix de revient de l'azote des fumiers, soit 1 fr. 65 le kilog, cet azote transformé en ammoniaque dans les fumiers y représente une valeur de 1 fr. 359 le kilog. Si maintenant nous voulons nous faire une idée juste de la valeur agricole de l'azote et de l'importance que l'on doit y attacher, il nous suffira de considérer qu'un kilog. d'azote équivaut à la valeur des produits du sol que nous allons indiquer, puisque cette quantité est contenue

Dans	43^k	700 de froment,	comme dans	286^k	de paille.
—	60	650 d'épeautre,	—	384	—
—	59	200 de seigle,	—	332	—
—	55	890 d'orge,	—	333	—
—	56	400 d'avoine,	—	372	—
—	47	650 de sarrasin,	—	151	—
—	83	350 de riz,	—	420	—
—	50	000 de maïs,	—	147	—
—	278	000 de pom.-de-terre,	—	177	de fanes.
—	476	000 de betteraves,	—	144	de feuilles.
—	30	240 de colza,	—	201	de paille.
—	30	240 de navette,	—	201	—
—	81	300 de garance,	—	152	de tiges.
		50.800 de luzerne.			
		87.000 de foin sec.			

(Rohart, *loc. cit.*, p. 110).

Or si un kilog. d'azote représente 43 k. 700 de froment, par exemple, nous pouvons tenir pour absolument certain que 1 k. 214 d'ammoniaque représente la même valeur, ou que 1 k. seulement d'ammoniaque suffit à la production de 36 kilog. de froment.

Il est donc bien évident que si, dans la fabrication des engrais ou dans les opérations de vidange, on ne s'oppose pas à la volatilisation de l'ammoniaque, on perd réellement des valeurs considérables. Heureusement que si l'ammoniaque est très-volatile il est extrèmement facile de la fixer, sans la détruire, mais seulement en la faisant changer de forme et d'état ; en la plaçant en un mot dans des conditions telles qu'elle ne pourra plus reprendre son état gazeux et obéir à la force d'expansion que si une nouvelle force intervient. Ce n'est pas ici le lieu d'entrer dans des détails pour démontrer ces réactions si vulgaires en chimie; ce serait étendre inutilement ce travail déjà fort long. Qu'il me suffise de dire que quand l'ammoniaque existe à l'état libre elle se volatilise; qu'elle se volatilise encore lorsqu'elle est unie à l'acide carbonique; mais qu'elle est fixée à l'état de sel soluble peu ou pas volatil, lorsqu'on vient à l'unir à l'acide sulfurique, ou à l'acide chlorhydrique.

Cette fixation de l'ammoniaque s'obtient industriellement par un moyen aussi simple qu'économique, et sans être obligé de recourir à l'emploi direct des acides. C'est ordinairement à l'état de carbonate que l'ammoniaque se trouve dans les engrais; c'est-à-dire à l'état de sel volatil formé par de l'acide carbonique et par de l'ammoniaque. Si on met ce sel en contact avec du sulfate d'oxyde de fer, c'est-à-dire avec un corps composé d'oxyde de fer et d'acide sulfurique, il se produira, par le fait seul de ce contact, un échange mutuel des acides et des bases de ces deux corps composés, ainsi que le démontre la formule suivante :

Carbonate d'ammoniaque { acide carbonique / ammoniaque. . . } avant la réaction.

Sulfate de fer. . . . . { acide sufurique. / oxyde de fer. . . }

Sulfate d'ammoniaque. . { acide sulfurique. / ammoniaque. . . } après la réaction.

Carbonate de fer. . . . . . . { acide carbonique / oxyde de fer. . . . }

Toute la théorie de la fixation de l'ammoniaque est là ; elle n'est pas bien difficile à saisir ; il me suffira d'ajouter que cette réaction est facilitée par la présence de l'eau, et qu'elle est également possible par l'emploi d'une infinité de sels autres que le sulfate de fer, et que la préférence que l'on peut accorder aux uns ou aux autres se justifie par certaines propriétés désinfectantes.

Grâce aux analyses de M. Berzélius, on connaît aujourd'hui parfaitement la composition des excréments humains.

Cent parties de ces excréments ayant assez de consistance pour former des masses cohérentes, contiennent :

Eau..			75,3
Matières solubles dans l'eau.	bile.................	0,9	
	albumine............	0,9	5,7
	matières extractives..	2,7	
	sels................	1,2	
Résidu insoluble des aliments ingérés........			7,0
Matières insolubles qui s'ajoutent dans le travail intestinal : résine biliaire, graisse , matière animale particulière, etc...................			12,0
Total...........			100,0

Ces quantités ne doivent être considérées que comme des exemples dont les nombres n'ont de valeur que pour les cas auxquels ils se rapportent, et doivent varier sans cesse en raison des aliments, des boissons, de l'état de santé, etc.

Les sels que nous allons indiquer ont été déterminés à l'aide d'une analyse à part. 96 grammes d'excréments frais (3 onces) furent épuisés au moyen d'une grande quantité d'eau, le liquide évaporé à siccité, et le résidu brûlé. La cendre qui restait était composée de :

Carbonate de soude...........	0g.16
Chlorure de sodium..........	0 20
Sulfate de soude.............	0 10
Phosphate de magnésie.......	0 10
Phosphate de chaux..........	0 20
	0 76

La grande quantité de phosphates est digne de remarque ; Berzélius l'attribue au pain, dans lequel les phosphates se retrouvent en quantité considérable.

Toutes les matières animales et la plupart des substances alimentaires contiennent des quantités assez notables de soufre ; et c'est à la présence de ce corps que les matières organiques en décomposition doivent de répandre une odeur des plus infectes. Au milieu des réceptacles immondes où nous déposons nos excréments et où ils séjournent pendant un temps toujours trop long, quelque court qu'il soit, les résidus de notre alimentation subissent des réactions nombreuses, dont une des conséquences forcées est la formation de l'hydrogène sulfuré (acide sulfhydrique), gaz extrêmement infect, extrêmement délétère surtout, puisqu'un oiseau ne peut plus vivre dans un air qui contient 1/1500 de ce gaz. L'acide sulfhydrique une fois formé, rencontre de l'ammoniaque, (azoture d'hydrogène) combinaison d'azote et d'hydrogène, alcali puissant qui s'unit bientôt à ce gaz acide pour former du sulfhydrate d'ammoniaque, sel très-volatil, très-odorant, piquant les yeux, et auquel nos latrines doivent en grande partie leur odeur méphitique et incommode. Il faut véritablement que l'organisation humaine soit bien puissante pour résister à ces foyers d'infection, à ces caveaux impurs que nous entretenons comme à plaisir dans nos habitations, et qu'il serait si facile et si peu couteux de remplacer par des fosses mobiles et inodores. Quoi qu'il en soit, le sulfhydrate d'ammoniaque dont l'odeur est si repoussante, même en quantités extrêmement faibles, jouit de la propriété d'être immédiatement décomposé lorsqu'on le met en présence de certaines dissolutions métalliques. Si par exemple on le met en contact avec une dissolution de sulfate d'oxyde de fer, il se produit aussitôt, entre ces deux sels (sulfhydrate d'ammoniaque et sulfate de fer., un échange réciproque et d'acides et de bases. Le fer s'unit au soufre pour former du sulfure de fer insoluble et inodore, l'oxygène de l'oxyde de fer, s'unit à l'hydrogène de l'acide sulfhydrique, pour former de l'eau, et enfin l'ammoniaque s'unit à l'acide sulfurique pour former du sulfate d'ammoniaque, sel soluble mais fixe, non volatil et inodore. Toute la théorie de la désinfection des matières provenant des latrines est contenue dans ces quelques lignes.

Cependant il faut remarquer que l'infection des engrais liquides, des matières animales, et surtout des vidanges tient à trois causes dont il faut tenir compte si l'on veut arriver à une désinfection complète. Ces trois causes sont : la formation du sulfhydrate d'ammoniaque, celle du carbonate de la même base, et enfin l'odeur *sui generis*. inhérente à la matière animale elle-même. Les deux premières causes d'infection peuvent être entièrement annihilées par le sulfate de fer ; il n'en est pas de même de la troisième ; aussi est-ce en vain que l'on tentera d'arriver à la désinfection complète par l'emploi exclusif des sels métalliques. Il faut de toute nécessité, pour arriver à cet effet complet et possible, faire usage du charbon ou d'une matière charbonneuse, qui seul est capable de détruire l'odeur inhérente à la matière organique. Il faut encore tenir compte des immenses quantités sur lesquelles on agit, et bien comprendre que dans des latrines, les réactions ne s'opèrent pas avec autant de facilité que dans nos laboratoires. Toutefois, si la désinfection complète est difficile, il importe cependant que tout le monde sache, et surtout les administrations municipales, que, dans l'état actuel de la science, *tout est possible aujourd'hui en matière de désinfection*, et que la désinfection complète des fosses d'aisances est industriellement et économiquement praticable partout.

Que faut-il pour arriver à ce but? Il faut savoir faire un emploi convenable des sels métalliques ; favoriser leur réaction utile en multipliant les points de contact avec la matière à désinfecter ; éviter la déperdition, pendant les vidanges, de tout gaz infect, et enfin annihiler l'odeur inhérente à la matière organique. Tous ces problèmes ont été pratiquement résolus sur une grande échelle, par M. Rohart qui a dû créer, en 1849, pour la ville de Rouen, une méthode complète de désinfection. Nous allons donner tous les détails de cette méthode, et si, à l'avenir l'atmosphère de la ville de Metz reste souillée impunément, si l'intérieur des habitations reste empoisonné par les émanations les plus puantes et les plus malsaines, c'est qu'on le voudra bien.

Voici comment on procède à Rouen. Un ouvrier, avant de procéder à l'ouverture de la fosse, pratique autour de la clef de la voûte, un arrosage avec une dissolution d'hypochlorite de chaux (chlorure d'oxyde de calcium) dont les 100 kilog ne coûtent que 13 fr. Dès que la clef est suffisamment levée, on projette contre les parois intérieurs de l'ouverture un peu de ce chlorure de manière à arrêter au passage les gaz fétides, et à faire prédominer l'odeur du chlorure.

Après avoir déterminé la capacité de la fosse, on y verse une dissolution concentrée de sulfate de fer, valant 6 fr. 50 les 100 kilog. à raison de 5 kilog. de ce sel par mètre cube ; puis on brasse fortement au moyen d'un ringard, et toujours en continuant les aspersions d'hypochlorite de chaux, quand le besoin s'en fait sentir.

Lorsque le mélange est aussi complet que possible, on referme la clef et on abandonne le tout pendant quatre jours au moins. Si les circonstances y obligent, on peut hâter l'opération en augmentant de 25 pour 0/0 la quantité de sulfate de fer ; deux jours de repos suffisent alors.

Dans tous les cas, il faut former autour de la fosse une couche épaisse de matières absorbantes dont nous allons parler tout à l'heure.

Lorsque le temps écoulé a suffi pour que le contact du sel désinfectant ait produit son effet, il faut procéder à la pratique de la vidange. Les liquides s'aspirent à l'aide d'une pompe à double effet, et muni de tuyaux en gutta-percha.

La tonne qui sert de réceptacle jauge 2 mètres cubes ; elle offre des particularités de construction dignes de fixer l'attention. On sait que lorsque l'on remplit un tonneau, le liquide qui entre déplace nécessairement un volume d'air égal au sien ; or, l'air expulsé des tonneaux à vidange est très-infect et suffit, chacun le sait, pour signaler au loin les travaux nocturnes des vidangeurs, sans compter que la pompe elle-même entraîne une partie des gaz puants tenus en dissolution dans les liquides, et les amènent jusque dans les tonneaux, en même temps que ces derniers. Tous ces gaz se répandent à profusion dans l'atmosphère si, comme M. Robart l'a fait le premier, on ne prend pas la précaution de les arrêter au passage. Cela se peut au moyen d'une pratique ingénieuse et aussi simple que peu dispendieuse.

Il faut visser au sommet de la tonne, un petit désinfecteur mobile, un seau, par exemple, en gutta-percha pouvant contenir 8 à 10 litres. Le fond de ce seau est percé d'un trou auquel s'adapte hermétiquement un tube recourbé dont une extrémité plonge dans le tonneau, et dont l'autre amène le gaz sortant du tonneau dans le liquide contenu dans le seau : ce liquide consiste dans une dissolution d'hypochlorite de chaux.

Les gaz expulsés par l'emplissage des tonnes, n'ayant pas d'autre issue que ce tuyau, sont bien forcés de venir traverser cette nappe de chlorure désinfectant pour y perdre leur odeur. Lorsque le tonneau est rempli, il suffit de dévisser le seau désinfecteur pour le reporter sur un autre. Rien n'est plus prompt et plus facile que cette manœuvre. Un bouchon à vis ferme ensuite hermétiquement le trou par lequel le tuyau barbotteur pénètre dans la tonne.

L'emplissage de la tonne se vérifie au moyen d'un flotteur, dont la tige en cuivre glisse dans une boîte à étoupes. Ce flotteur est placé à une extrémité du tonneau ; l'autre extrémité reçoit le tuyau de gutta-percha intermédiaire entre la fosse et la tonne et qui sert à l'emplissage.

Par cette disposition applicable à toutes les tonnes, il est impossible de percevoir la moindre odeur autour des voitures à vidanges, à moins d'accidents ou de maladresse.

La réaction chimique qui explique cette désinfection est des plus simples ; l'acide sulfhydrique en traversant la solution d'hypochlorite de chaux, y est détruit et transformé en soufre qui se dépose, et en acide chlorhydrique qui s'unit à la chaux.

La dépense nécessitée par l'application de ce système ne s'élève pas au-dessus de 8 centimes et demi par 1000 kilog. de matières extraites. C'est là, à coup sûr, une dépense insignifiante pour une amélioration qui intéresse à un si haut degré l'hygiène publique.

Dès que les liquides sont extraits, on descend dans les fosses le charbon nécessaire à la désinfection des matières pâteuses, et on incorpore celui-ci dans la masse par tous les moyens possibles. Quand on le peut, le charbon auquel il faut donner la préférence est le poussier qui provient de la tourbe carbonisée; quand on ne le peut pas il faut bien avoir recours au poussier de charbon de bois, mais peut être ce poussier coûterait-il trop cher pour pouvoir être employé économiquement à Metz. A Rouen le poussier de charbon de tourbe revient à 1 fr. 62 net les 100 kil., ou à 1 fr. l'hectolitre, et il en faut 15 kil. 500 pour 100 kil. de vidanges : Il peut arriver, après l'extraction des liquides, que le charbon désinfectant ne peut pas être incorporé à cause de l'état trop pâteux de la masse. On remplace alors le charbon par le goudron provenant de la fabrication du gaz qui sert à l'éclairage. Ce goudron qui vient d'acquérir une grande réputation sous le nom de Coaltar, comme matière désinfectante, était employé à Rouen dès 1849, avec un grand succès. Il coute environ 4 fr. les 100 kil., et il en faut 1 k. 480 par *mètre* cube, ce qui représente une dépense de 4 cent. 72.

Les chiffres qui s'appliquent à la désinfection complète de 1.132 mètres cubes de vidanges liquides et pâteuses, sont les suivants :

5.719 kil. de menus fragments de sulfate de fer
    à 6 fr. 50 les 100 kil............. .... 374 fr. 73
1.367 hectolitres de poussier de charbon de
    tourbe à 1 fr....................... ..... 1.367
300 k. de chlorure de chaux à 13 fr. les 100 k.   50   70
628 kil. de goudron à 4 fr. les 100 kil........   25   12
    Total...................... 1.814   55

Soit 1 fr. 60 c. par mètre cube ou 0 fr. 16 c. par 100 kil.

A coup sûr ce n'est pas là une utopie scientifique, un système impossible, ruineux. impraticable, au prix surtout où l'on paye la vidange à Metz.

Ces faits relatifs à la désinfection complète sont patents et attestés par une population tout entière; il ne suffit donc que d'une volonté énergique pour triompher des résistances et obtenir à Metz les résultats que nous venons de signaler. C'est là une question d'hygiène publique qui intéresse tout le monde, et certes quand la science parle avec une si grande conviction et avec une telle autorité, les administrations municipales ont le droit de faire cesser les abus dont les systèmes actuels de vidange nous offrent le dégoûtant spectacle.

Il ne faut pas oublier que l'air pur est le premier de tous les besoins et qu'on n'a pas plus le droit de souiller l'air que nous respirons, que les boissons ou les aliments dont nous nous nourrissons. En face de ces faits il n'y a plus d'impossibilités matérielles à la désinfection complète des vidanges, et nous proposons formellement l'application de ce système pour la ville de Metz. Un moyen très-simple, en dehors de la surveillance active et nécessaire de la police, permettra de se rendre rapidement compte de la manière dont les travaux de désinfection seront pratiqués ; il suffira pour cela d'ouvrir un registre spécial sur lequel les propriétaires eux-mêmes constateront la nature des résultats obtenus chez eux. (1)

L'administration municipale, le conseil de salubrité, sont d'autant plus autorisés à exiger beaucoup, que ce système de désinfection ne peut que tourner au profit du fabricant d'engrais, comme nous allons le démontrer.

Nous avons déjà beaucoup insisté sur la nécessité de retenir dans les engrais l'ammoniaque et le carbonate d'ammoniaque dont la valeur agricole est considérable.

M. Paulet qui a fait un excellent livre sur l'engrais humain a démontré, par l'expérience, qu'un litre d'urines devenues très-putrides après avoir été abandonnées pendant douze jours au contact de l'air renfermait 6 grammes 221 d'ammoniaque, et que trois mois après ces mêmes urines ne contenaient plus que 2 grammes 423 de cette substance.

Cette perte tient uniquement à la volatilité de l'ammoniaque et de son carbonate.

Il en est de même pour les excréments humains ; la poudrette pure, telle qu'on la préparait jadis et qu'on ne fabrique plus aujourd'hui avec une grande raison, ne renfermait que le chiffre dérisoire de 1,10 pour 0/0 d'azote, parce que, pendant la longue durée de la préparation et de la dessiccation, tous les produits ammoniacaux se dégageaient en pure perte

---

(1) Depuis que cette notice est écrite, j'ai appris qu'on procède aujourd'hui à Paris et à Strasbourg, à la vidange des fosses, au moyen de tonneaux dans lesquels on fait préalablement le vide, et qui s'adaptent hermétiquement à un tube qui part du fond de la fosse et qui s'ouvre au niveau du trottoir, extérieurement. Ce tube est hermétiquement fermé à l'aide d'une soupape. Lorsque l'on veut opérer la vidange, on amène près de la fosse les tonnes en fer dans lesquelles on a fait le vide ; puis on établit la communication entre la tonne et la fosse, à l'aide d'un tube qui s'adapte sur le premier. Il suffit alors d'ouvrir deux soupapes pour voir se précipiter avec une grande rapidité dans la tonne les matières de la fosse. Ce système si simple, dû à M. Chapusot permet de vidanger en plein jour, sans la moindre odeur, avec une grande rapidité et par conséquent sans encombrement.

dans l'atmosphère. La transformation de la gadoue en poudrette, dit M. Girardin, est une opération monstrueuse. C'est à proprement parler le *nec plus ultrà* du gaspillage. Tous les hommes compétents : Liebig, MM. Moride et Bobierre, M. Paulet, M. Mallet, M. Barral, M. Boussingault, M. Payen, etc, professent la même opinion. Aujourd'hui la fabrication de la poudrette pure serait une industrie condamnable, une monstruosité économique et sociale, qui ne pourrait trouver d'appui que dans l'ignorance des masses et qui ne mérite aucun ménagement.

La fixation des sels ammoniacaux n'est donc pas seulement une nécessité hygiénique; elle est aussi une nécessité économique puisque, moyennant quelques centimes, on peut conserver à des matières premières toute leur richesse et toute leur valeur agricole.

Pour le fabricant d'engrais, la solution économique du traitement des vidanges, cette matière première si répandue et que l'on peut se procurer partout avec économie, consiste donc dans la solidification immédiate de ces matières à l'aide de mélanges absorbants riches en humus, et dont la réunion constitue un ensemble doué de toutes les propriétés d'un engrais véritablement complet.

M. Rohart a calculé, en prenant pour base les analyses des excréments et des urines, analyses faites par MM. Boussingault, Liebig, Lecanu, etc., et en tenant compte des quantités rendues journellement par individu, que la population française calculée à raison de 35 millions d'habitants produirait annuellement une quantité de matières suffisante pour la fumure de 17.850.000 hectares de terrain, ou près de 63 pour 0/0 de la surface actuellement en culture, s'élevant elle-même à 28.421.174 hectares. Certes il y a là des ressources assez considérables pour que chacun s'en occupe sérieusement, dans sa sphère d'activité.

Je termine ici ce travail, dont l'utilité, je l'espère fera supporter la longueur, par quelques conclusions raisonnées que l'on en peut légitimement déduire : 1° Puisque les matières excrémentitielles humaines, (excréments et urines) peuvent être employées avec des avantages certains et incontestables pour l'agriculture, il faut, par tous les moyens possibles, faire comprendre aux cultivateurs l'utilité qu'il y aurait pour eux à se lancer dans des essais incapables de déranger leur fortune et capables au contraire d'améliorer singulièrement leur bien-être.

2° Puisqu'il est possible à l'industrie de transformer ces matières en engrais complets, à l'aide d'une fabrication économique et très-productive; puisqu'il est possible à ces industriels, qui sont en même temps vidangeurs, d'utiliser les matières liquides, soit par la concentration, soit par l'emploi direct sur les terres, soit enfin à l'aide de puits perdus ce qui est le pire des moyens ; il faut exiger d'eux qu'ils enlèvent toutes les matières. Car c'est un bien qui appartient au sol et qui doit lui revenir sous une forme quelconque.

3° Puisque dans l'état actuel de la science, tout est possible en matière de désinfection, il faut que les vidangeurs soient obligés de travailler le jour, et il faut leur interdire le travail de nuit. On est en droit d'exiger cette modification dans le travail, avec d'autant plus de raison que chacun en profitera : les vidangeurs, en fixant l'ammoniaque sans laquelle il n'y a pas d'engrais possibles ; les habitants qui se trouveront ainsi soustraits à ces émanations impures nuisibles à la santé et offensantes pour l'organe de l'odorat.

4° Puisqu'il est démontré que l'agriculture et l'industrie peuvent tirer un parti avantageux du produit des vidanges ; puisque déjà, sur les 6000 mètres cubes de matières extraites annuellement à Metz, il y en a 4000 d'employées utilement, il est évident qu'il ne faut plus que quelques efforts et quelques exigences de la part de l'administration pour obliger l'agriculture et l'industrie à consommer le tout. Les intérêts bien compris de l'hygiène de la ville, de l'industrie et de l'agriculture font donc un devoir à l'administration d'imposer aux vidangeurs le système de vidanges employé à Rouen, avec tant de succès ; de rapporter les arrêtés qui autorisent de noyer tout ou partie des vidanges, et d'en prendre d'autres au contraire pour interdire d'une manière absolue le jet de pareilles matières dans la Moselle. (1)

5° La ville de Strasbourg prélève, si mes renseignements sont exacts, un droit annuel de 10.000 francs sur les vidangeurs, et ses habitants livrent annuellement à l'agriculture et à l'industrie pour 50.000 francs de matières (2). A Metz, au contraire, les vidangeurs prélèvent sur les propriétaires de maison un tribut annuel de 30 à 40,000 francs. Cette incroyable différence entre deux villes qui, grâce au chemin de fer, sont aujourd'hui à cinq heures l'une de l'autre, n'est-elle pas de nature à faire réfléchir sérieusement tous les hommes amis du progrès et des améliorations utiles ? Sans doute il serait déraisonnable de vouloir transformer en

---

(1) La ville de Metz toute entière a applaudi l'arrêté que vient de prendre son maire et par lequel on supprime l'estacade où l'on débardait le produit des vidanges, entre deux hôpitaux.

(2) Il paraît qu'aujourd'hui à Strasbourg l'édilité a pris d'autres mesures encore plus productives pour la cité ; mais j'en ignore les détails.

quelques jours l'état actuel des choses, mais chacun le comprend, chacun se le répète, il y a là quelque chose à faire.

Quant à nous, nous voulons le progrès, nous le voulons résolument, nous voulons produire des utilités, mais à la condition d'un profit légitime pour le producteur d'engrais et d'un avantage réel pour le consommateur. Il faut que l'état actuel des choses change graduellement; il faut que chacun y prête son concours; il faut que les propriétaires comprennent tout l'intérêt qu'ils auraient pour l'avenir à changer radicalement leur système de réceptacles immondes et perpétuels qui infectent leurs maisons; il faut que l'administration donne l'exemple de ces réformes radicales, en construisant dans les prisons, dans les hopitaux, etc., des fosses mobiles d'un enlèvement si facile. C'est ainsi que, peu à peu, en allégeant la main-d'œuvre relative à l'enlèvement des matières, on s'affranchira de cet énorme tribut pour en prélever un à son tour en harmonie avec la valeur réelle de ces matières premières que l'on perd, que l'on jette, que l'on gaspille aujourd'hui de toutes les manières.

6° Nous avons vu les bénéfices certains et très-légitimes que l'industrie pourrait tirer de la transformation des urines en guano. Pour créer une pareille industrie en vue de l'exploitation des urines de la ville, il faudrait bien peu de capitaux; il y a donc tout lieu d'espérer que notre appel sera compris par quelque esprit entreprenant. Dans ce cas il faudrait remplacer tous les urinoirs publics, tous les urinoirs communs par des tonneaux mobiles goudronnés à l'intérieur, dont l'entretien une fois établi resterait à la charge de l'industriel.

7° Si chacun comprend qu'il faut s'attacher à utiliser le produit des vidanges des grands centres de population; il est évident qu'il faut en faire autant pour toutes les communes du département de la Moselle. Dès 1850, l'honorable M. Chevreux, ancien professeur de chimie à l'école d'application de Metz, grand partisan de l'usage des matières stercorales en agriculture, publiait dans l'*Indépendant de la Moselle*, (n°ˢ 13, 15 et 18 juin), un travail dans lequel, après avoir insisté sur les avantages que ces matières offrent comme engrais, il engageait le préfet à prendre un arrêté capable d'obliger les habitants des campagnes à ne plus construire ou réparer de maisons sans y annexer des latrines. Ce serait là une excellente mesure qui, tout en permettant de restituer à l'agriculture ces choses perdues, aurait l'immense avantage de débarrasser les abords des villages de ces déjections qui en souillent les ruelles et les murs extérieurs.

Notre législation arme-t-elle nos préfets d'assez de pouvoir.

pour prendre de pareils arrêtés? C'est ce que j'ignore; mais à coup sûr les moyens de persuasion ne manquent pas à ces hauts fonctionnaires.

8° S'il est vrai que les cultivateurs tireront de grands avantages de l'emploi des engrais confectionnés avec les excréments humains, il faut aussi qu'ils puissent les employer avec confiance et en connaissance de cause. Il faut que ces engrais aient pour eux une valeur qu'ils puissent comparer à celle de leur fumier; il faut en un mot qu'on ne leur vende pas de la tannée ou de la tourbe plus ou moins modifiées pour un engrais fertile. Malheureusement la législation actuelle désarme les magistrats qui voudraient poursuivre les prévaricateurs.

Ainsi la loi du 27 mars 1851 relative aux fraudes sur la vente des marchandises, ne s'applique qu'aux substances et denrées alimentaires et médicamenteuses. Celle du 5 mai 1855 ne concerne que les boissons. Pour réprimer les fraudes faites sur la vente des marchandises y compris les engrais, il n'y a, dans l'état actuel de la législation, que l'article 423 du Code pénal qui punit la tromperie sur la nature, mais qui ne punit pas la tromperie sur la qualité de la marchandise. Ce dernier genre de fraude n'étant point prévu par la loi pénale ne peut donner lieu qu'à une action civile. Mais qu'est-ce que c'est que la nature et qu'est-ce que c'est que la qualité d'une marchandise dans le sens de la loi? Ce sont là des questions d'appréciation qui peuvent diviser les tribunaux et qui reçoivent tous les jours dans la jurisprudence des solutions diverses. La question est surtout très-délicate à propos d'une vente d'engrais dont le nom n'implique pas nécessairement la nature ou la composition, et qui renferme toujours assez d'éléments fertilisants pour qu'on ne puisse lui contester sa dénomination générale d'engrais.

Il résulte de tout cela que la vente des engrais se fait sans contrôle et de manière, par conséquent, à capter difficilement la confiance des cultivateurs; la confiance ne peut s'établir qu'à la longue, et lorsqu'elle naît, elle s'attache aux individus, et non à l'industrie elle-même. C'est évidemment là un état de choses déplorable; il est certain que le nouveau Code rural viendra protéger par une loi les intérêts des particuliers et servir les intérêts généraux du pays; et si, par impossible, cette question importante devait encore échapper à nos législateurs, il suffirait certainement pour voir combler cette lacune de la signaler à notre si honorable concitoyen M. le baron de Ladoucette, l'instigateur de ce nouveau code. Quoi qu'il en soit, et je le signale ici avec un véritable plaisir, si les engrais artificiels commencent à être consommés dans le département de la Moselle, sur une grande échelle, c'est que les producteurs ont fabriqué, dans la mesure de leurs connaissances, avec une grande loyauté ; ce qui le prouve encore c'est qu'ils désirent eux-mêmes l'institution de règlements qui, tout en consacrant la valeur réelle de leur marchandise, offrent des garanties sérieuses aux consommateurs.

De deux choses l'une; il faut, ou que les marchands soient obligés à ne livrer que des engrais titrés contenant tant pour 0/0 d'azote et de phosphates, ou que, sans y être obligés, ils spécifient dans la vente la nature et les proportions des éléments constituants de l'engrais. Alors, en cas de prévarication, on pourrait leur appliquer l'article 423 du Code pénal, car ce ne serait plus un engrais quelconque qu'ils auraient livré, mais bien un engrais titré, un engrais composé de telle ou telle nature, une marchandise enfin livrée dans des conditions spécifiées, et qui, si elles n'étaient pas remplies, constitueraient une tromperie, puisque l'attente du consommateur serait trompée.

En attendant qu'une loi vienne protéger tous les intérêts d'une manière efficace, un arrêté préfectoral ou municipal prescrivant au marchand d'indiquer la nature et la proportion des éléments constituant leurs engrais, suffirait pour protéger l'acheteur contre les fraudes du vendeur, et pour en assurer la répression dans une certaine mesure. Le marchand qui ne se conformerait pas à l'arrêté soit en n'indiquant pas au public la composition de l'engrais, soit en composant un engrais autrement qu'il l'aurait annoncé, serait alors traduit devant le tribunal de simple police, en vertu de l'article 474. n° 15 du Code pénal, condamné la 1re fois à une amende de 4 à 5 francs, et à un emprisonnement de 3 jours au maximum en cas de récidive, par application de l'article 474. Cet arrêté, en outre, rendrait l'action civile beaucoup plus certaine dans ses conséquences.

Mais, dira-t-on, le titrage des engrais est-il facile et praticable en industrie?

Rien n'est plus aisé et il n'y a pas même pour cela besoin d'un agent attitré ou assermenté.

Dès le moment que le titre deviendra une chose obligatoire, il n'est pas un chimiste, et nous n'en manquons pas à Metz, qui ne soit à même de faire la vérification, et de vider à l'amiable tout conflit qui pourrait survenir entre l'industriel et le consommateur.

Mais comme en toutes choses il faut, quand on veut la fin, vouloir les moyens, je prends ici l'engagement formel de faire toutes les vérifications qui me seront demandées soit par le vendeur, soit par l'acheteur, en ne prélevant absolument que les frais insignifiants de laboratoire. Je m'engage même à initier ceux qui le voudront à ces pratiques analytiques, qui n'offrent pas de bien grandes difficultés lorsqu'on les a vu mettre en expérimentation dans le sanctuaire du chimiste. Personne ne se trompera, je l'espère, sur la convenance de cette déclaration ; les hommes d'intelligence et de dévouement savent que rien ne coûte à celui qui veut faire pénétrer dans les masses une idée utile et féconde. Ai-je besoin de dire que ce sera toujours pour moi un véritable plaisir de répondre à toutes les objections, à toutes les observations qui pourraient m'être adressées au sujet de ce travail? La vérité ne redoute pas la discussion loyale et sérieuse, c'est au contraire le moyen de lui donner tout son éclat.

FIN.

Metz. — Imp. de V. Maline.